国外油气勘探开发新进展丛书(十八)

煤层气开发工程新进展

[美] Pramod Thakur 著

曲 海 刘 营 魏秦文 译

石油工业出版社

内容提要

本书作者基于40年的煤层气现场生产经验和10年大学工作经历，将煤层气生产相关的理论与实践有机融合，系统阐述了煤层气开发工程新进展。主要内容包括煤层气储层评价、物理性质、气体扩散及流动机理、钻井方法及水力压裂增产工艺。详细介绍了美国12个浅层、中深层和深层含煤层气盆地地质情况和煤层特征，并提出了相应的开采方法和建议。

本书可为煤层气藏开采作业者提供理论依据和实践参考，并可供相关专业本科和研究生参考阅读。

图书在版编目（CIP）数据

煤层气开发工程新进展／（美）普拉莫德·塔库尔（Pramod Thakur）著；曲海，刘营，魏秦文译．— 北京：石油工业出版社，2019.12

（国外油气勘探开发新进展丛书；十八）

ISBN 978-7-5183-3702-6

Ⅰ．①煤… Ⅱ．①普… ②曲… ③刘… ④魏… Ⅲ．①煤层-地下气化煤气-资源开发-研究 Ⅳ．①P618.11

中国版本图书馆 CIP 数据核字（2019）第 245233 号

Advanced Reservoir and Production Engineering for Coal Bed Methane, 1st Edition
Pramod Thakur
ISBN: 9780128030950
Copyright © 2017 Elsevier Inc. All rights reserved.
Authorized Chinese translation published by Petroleum Industry Press.
《煤层气开发工程新进展》（曲海　刘营　魏秦文 译）
ISBN: 9787518337026
Copyright © Elsevier Inc. and Petroleum Industry Press. All rights reserved.
No part of this publication may be reproduced or transmitted in any form or by any means, electronic or mechanical, including photocopying, recording, or any information storage and retrieval system, without permission in writing from Elsevier. Details on how to seek permission, further information about the Elsevier's permissions policies and arrangements with organizations such as the Copyright Clearance Center and the Copyright Licensing Agency, can be found at our website: www. elsevier. com/permissions.
This book and the individual contributions contained in it are protected under copyright by Elsevier Inc. and Petroleum Industry Press (other than as may be noted herein).

This edition of Advanced Reservoir and Production Engineering for Coal Bed Methane, 1st Edition is published by Petroleum Industry Press under arrangement with ELSEVIER INC.
This edition is authorized for sale in China only, excluding Hong Kong, Macau and Taiwan. Unauthorized export of this edition is a violation of the Copyright Act. Violation of this Law is subject to Civil and Criminal Penalties.

本版由 ELSEVIER INC. 授权石油工业出版社在中国大陆地区（不包括香港、澳门以及台湾地区）出版发行。
本版仅限在中国大陆地区（不包括香港、澳门以及台湾地区）出版及标价销售。未经许可之出口，视为违反著作权法，将受民事及刑事法律之制裁。
本书封底贴有 Elsevier 防伪标签，无标签者不得销售。

注意

本书涉及领域的知识和实践标准在不断变化。新的研究和经验拓展我们的理解，因此须对研究方法、专业实践或医疗方法作出调整。从业者和研究人员必须始终依靠自身经验和知识来评估和使用本书中提到的所有信息、方法、化合物或本书中描述的实验。在使用这些信息或方法时，他们应注意自身和他人的安全，包括注意他们负有专业责任的当事人的安全。在法律允许的最大范围内，爱思唯尔、译文的原文作者、原文编辑及原文内容提供者均不对因产品责任、疏忽或其他人身或财产伤害及/或损失承担责任，亦不对由于使用或操作文中提到的方法、产品、说明或思想而导致的人身或财产伤害及/或损失承担责任。

北京市版权局著作权合同登记号：01-2019-7044

出版发行：石油工业出版社
（北京安定门外安华里2区1号楼　100011）
网　址：www. petropub. com
编辑部：（010）64523537　营销中心：（010）64523633
经　销：全国新华书店
印　刷：北京中石油彩色印刷有限责任公司

2019年12月第1版　2019年12月第1次印刷
787×1092 毫米　开本：1/16　印张：9.5
字数：200千字

定价：75.00元
（如发现印装质量问题，我社图书营销中心负责调换）
版权所有，翻印必究

《国外油气勘探开发新进展丛书（十八）》编委会

主　任： 李鹭光

副主任： 马新华　张卫国　郑新权
何海清　江同文

编　委：（按姓氏笔画排序）
曲　海　刘豇瑜　范文科
周家尧　赵传峰　饶文艺
秦　勇　贾爱林　章卫兵

序

“他山之石，可以攻玉”。学习和借鉴国外油气勘探开发新理论、新技术和新工艺，对于提高国内油气勘探开发水平、丰富科研管理人员知识储备、增强公司科技创新能力和整体实力、推动提升勘探开发力度的实践具有重要的现实意义。鉴于此，中国石油勘探与生产分公司和石油工业出版社组织多方力量，本着先进、实用、有效的原则，对国外著名出版社和知名学者最新出版的、代表行业先进理论和技术水平的著作进行引进并翻译出版，形成涵盖油气勘探、开发、工程技术等上游较全面和系统的系列丛书——《国外油气勘探开发新进展丛书》。

自 2001 年丛书第一辑正式出版后，在持续跟踪国外油气勘探、开发新理论新技术发展的基础上，从国内科研、生产需求出发，截至目前，优中选优，共计翻译出版了十七辑近 100 种专著。这些译著发行后，受到了企业和科研院所广大科研人员和大学院校师生的欢迎，并在勘探开发实践中发挥了重要作用，达到了促进生产、更新知识、提高业务水平的目的。同时，集团公司也筛选了部分适合基层员工学习参考的图书，列入“千万图书下基层，百万员工品书香”书目，配发到中国石油所属的 4 万余个基层队站。该套系列丛书也获得了我国出版界的认可，先后四次获得了中国出版协会的“引进版科技类优秀图书奖”，形成了规模品牌，获得了很好的社会效益。

此次在前十七辑出版的基础上，经过多次调研、筛选，又推选出了《孔隙尺度多相流动》《二氧化碳捕集与酸性气体回注》《油井打捞作业手册——工具、技术与经验方法（第二版）》《油气藏储层伤害——原理、模拟、评价和防治（第三版）》《煤层气开发工程新进展》《页岩储层微观尺度描述——方法与挑战》等 6 本专著翻译出版，以飨读者。

在本套丛书的引进、翻译和出版过程中，中国石油勘探与生产分公司和石油工业出版社在图书选择、工作组织、质量保障方面积极发挥作用，一批具有较高外语水平的知名专家、教授和有丰富实践经验的工程技术人员担任翻译和审校工作，使得该套丛书能以较高的质量正式出版，在此对他们的努力和付出表示衷心的感谢！希望该套丛书在相关企业、科研单位、院校的生产和科研中继续发挥应有的作用。

中国石油天然气股份有限公司副总裁 李鹭光

译者前言

煤层气俗称瓦斯，是成煤过程中形成的一种气体，其主要成分是 CH_4，是一种高效清洁的能源。中国煤层气资源丰富，储量仅次于俄罗斯和加拿大，埋深小于 2000m 的煤层气储量约为 $36.81\times10^{12}m^3$，与中国天然气的勘探储量相当。丰富的资源储量为中国煤层气开发提供了基础，但是经过多年的开发并未达到国外商业化的水平。经过 20 多年的开发，也仅仅是动用了其中不到 20%的储量，且煤层气井产量普遍较低。导致中国煤层气开发投入和产出严重失衡，限制了产业发展。因此，有必要了解其他发达国家煤层气开发现状和技术，为中国煤层气开发提供宝贵的技术经验。

该书作者将煤层气生产相关的理论与实践有机融合，系统阐述了美国煤层气藏与生产工程新进展。全书共分 12 个章节，主要内容包括煤层气储层评价、物理性质、气体扩散及流动机理、钻井方法及水力压裂增产工艺。详细介绍了美国 12 个浅层、中深层和深层含煤层气盆地地质情况和煤层特征，并提出了相应的开采方法和建议，为中国煤层气开采提供借鉴。

我要感谢参与本书翻译的每一位译者。感谢刘营提供了第 1 章至第 8 章的翻译初稿，魏秦文提供了第 9 章至第 12 章和原版前言的翻译初稿。我组织了所有译者进行重译和修订，并多次与出版社老师们对接书稿内容。由于本书专业性很强，涉及煤层气现场开采知识点众多。从翻译初稿到终稿，经过接近一年的辛勤和努力，终于完成了本书的翻译。每一位译者都在工作之余花了很多时间精推细敲、反复斟酌原文和译文，几经修订才使本书得以呈现在读者面前。

最后，我还要感谢石油工业出版社编辑的精心编校，没有大家精益求精的团队努力与合作，这本书的中文版本不可能如此顺利与读者见面。

曲海

重庆科技学院

原书前言

世界人口已超过70亿，每年能源消耗约5×10^{17}Btu❶。预计到2040年，将增至7.5×10^{17}Btu。在能源消耗中，化石能源约占87%，核能和水力发电占12%，太阳能、风能和地热能少于1%。煤炭是全球储量最多的资源，分布于全球70多个国家。同时，煤炭又是最经济的燃料，1kW·h发电成本仅为4美分。3000ft以内的可开采煤炭储量约1×10^{12}t，10000ft以内的储量有（17~30）$\times10^{12}$t。

煤炭中还蕴藏着另外一种能源——煤层气，它与天然气很相似，热值比天然气低10%~15%。煤层气储量十分丰富，有（275~34000）$\times10^{12}ft^3$。煤层气开采始于20世纪80年代，目前全球产量约为$3\times10^{12}ft^3/a$，美国产量占60%。煤在形成过程中会伴生大量的甲烷和二氧化碳，但是大部分气体逸入大气，只有一小部分保留在煤中。通常，煤层的含气量随深度的增加而增加，深度为4000ft时，含气量为35~875ft^3/t。

本书基于作者40年的生产经验以及10年的大学教学经验编写而成，适用于本科和研究生参考阅读。第一章为全球煤层气藏和主要含煤盆地，简单介绍全球煤层气藏及其生产状况，对19个盆地的地质和储量进行了讨论。第二章为含气量及储量评价，讨论了可采储量和不可开采储量的含气量和煤层气体等温线的计算方法。第三章为孔隙度和渗透率，研究了煤层的孔隙度和渗透率。讨论了专业术语定义和各种渗透率测试方法。第四章为煤层气扩散机理，推导了扩散率和吸附时间的测量方程。第五章为孔隙压力与应力场，研究了煤层压力和地应力，以及这些应力对生产工艺的影响。第六章为煤层气藏中流体流动，讨论了流体在多孔介质中的流动。第七章为管道和井筒中流体流动，研究了气体在管道和井筒中流动。提供了计算天然气产量和储层压降的数学方程，还详细讨论了天然气产量衰减的原因。第八章为煤层气井水力压裂技术。水力压裂是煤层气开采的主要方法，对水平井和直井的水力压裂进行了探讨。提供了水力压裂和氮气泡沫压裂的泵注程序表，并对矿井内裂缝的长度、宽度和高度进行了测量以及对现有理论的验证。对200口压裂井通过地下挖掘观察裂缝形态，并对结果进行了总结。第九章为煤层气水平井钻井技术，分别介绍了煤矿井下水平井钻井工艺和地面水平井钻井工艺以及相应的钻井设备。第十章、第十一章、第十二章，依据煤层埋藏深度将美国12个煤盆地分为浅层、中深层和深层。总结了煤层气生产现状，提出了适合各盆地的煤层气生产技术。简要讨论了注入二氧化碳驱替实现煤层气的二次开采和煤气化实现煤层气三次开采。

书中所包含的大部分知识是作者在1974年至2014年在康菲石油（CONOCO）/康索能

---

❶ Btu：英国热量单位，1Btu约等于1.055kJ。

源（CONSOL Energy）（康菲石油以前的子公司）工作中的经验所得。

十分感谢我的两位朋友，已故的康菲石油公司的 H. R. Crawford 博士和得克萨斯州的 Fred Skidmore 博士对煤层气井水力压裂给予的帮助和指导。同时也感谢已故的尤斯塔斯·弗雷德里克（Eustace Frederick）对最大煤矿实施瓦斯抽采的支持。

对于矿井钻机的开发，感谢康索能源（CONSOL Energy）公司已故的威廉·庞德斯通（William Poundstone）对我的指导，感谢（JH 弗莱彻公司）JH Fletcher Co. 已故的罗伯特·弗莱彻（Robert Fletcher）制造了第一台煤矿井下钻机。

感谢乔伊斯·康恩（Joyce Conn）和凯蒂·华盛顿（Kattie Washington）编辑的耐心指导。

目　录

第1章 全球煤层气藏和主要含煤盆地

化石能源约占全球能源储量的90%。煤是化石能源的主要代表物质，约占90%。不断增长的世界人口每年消耗（5~7.5）$\times10^{20}$J能量。为满足能源需求，应进一步从煤层中开采煤层气。（17~30）$\times10^{12}$t煤层中含有约$30000\times10^{12}ft^3$的煤层气。本章简要描述主要含有煤层气的盆地，包括美国、加拿大、英国、法国、德国、波兰、捷克共和国、乌克兰、俄罗斯、中国、澳大利亚、印度和南非。这些国家开采了全球90%的煤和几乎所有的煤层气。煤矿开采的最大深度约为3000ft，只能开采大约1×10^{12}t煤炭。直井和水力压裂法是煤层气开采的主要技术。由于随着煤层深度增加渗透率急剧降低，该方法最大应用深度为3000~3500ft。由于煤层气藏和常规气藏差别很大，有必要采用新的工艺和技术实现高效开发，例如页岩气中的开采技术。

1.1 引言

煤是由植物残骸经过50~300Ma的生物化学、物理化学以及地球化学变化转变而来，并伴生了大量甲烷和二氧化碳气体。气体数量随着煤阶的增加而增加，例如无烟煤含气量可以达到$765m^3/t$[1]。在成煤过程中，大多数气体都扩散到大气中，只有一小部分保留在煤储层中。保留数量与诸多因素有关，例如煤阶、煤层深度、煤层顶板和底板、地质异常、构造应力和煤形成过程中的地层温度。通常，煤层越深煤阶越高，含气量越高。在4000ft（1200m）处，煤层含气量为$35\sim875ft^3/t$（$1\sim25m^3/t$）。

甲烷是煤层气（CBM）的主要成分，占80%~95%，其余成分有乙烷、丙烷、丁烷、二氧化碳、氢气、氧气、氩等。

1.2 煤和煤层气

煤是储量最多且开采最经济的化石能源。过去的200年，煤炭资源的利用对世界经济稳定和增长做出了重要贡献。目前，全世界约70亿人口每年需要消耗5×10^{20}J的能量。未来20年中，每年的能源消耗将会增加到7.5×10^{20}J。表1.1为能源消耗比例，大约87%能源消耗来自化石能源，核能和水力发电为12%，太阳能、风能和地热能仅占1%[2]。

表1.1 世界能源的储量和消耗

种类	能源消耗（EJ/a）①	已证实的储量（ZJ）②
煤	120	290
瓦斯	110	15.7
油	180	18.4
核能	30	2~17③
水力电	30	NA
其他总和	4	不确定

注：①$E=10^{18}$。②$Z=10^{21}$。③不考虑再生过程。1000J=0.948Btu。

除非核能发电技术能有所突破，否则化石能源仍将是主要的能源来源。煤储量占化石能源的90%，有必要增加其利用比例。目前，煤炭满足了全球26%的能源需求，41%电来源于燃煤发电。煤分布在世界70多个国家，其中埋深在3300ft（1000m）以内的可开采量超过1×10^{12}t。埋深在10000ft（3000m）以内的储量（大部分不可开采）为（17～30）×10^{12}t[3]。2014年，全球产煤量大约为80×10^{8}t。表1.2为2013年全球产煤前十名的国家。

表1.2　2013年全球煤产量

国家	年产量（10^6t）
中国	3561
美国	904
印度	613
印度尼西亚	489
澳大利亚	459
俄罗斯	347
南非	256
德国	191
波兰	143
哈萨克斯坦	120

来源：改编自《世界煤炭统计数据》，世界煤炭协会 http：//worldcoal. org/；2013[4]。

上述10个国家的产煤量约占全球的90%。如果能将煤转变为像柴油和航空燃料之类的合成气体或液体燃料，产量可能会继续增加。

除可开采的煤炭资源，煤层中还含有另一种能源：煤层气，类似于热值稍低（10%～15%）的天然气。煤层气储量预计为（275～33853）$\times10^{12}$ft³［（78～959）$\times10^{12}$m³］[5-6]，见表1.3。

表1.3　煤层气的预估储量

国家	预估煤储量①（10^9t）	1992年预估量（10^{12}ft³）［10^{12}m³］	1987年预估量（10^{12}ft³）［10^{12}m³］
美国	3000	388［11］	30～41
俄罗斯	5000	700～5860［20～166］	720～790
中国	4000	700～875［20～25］	31
加拿大	300	212～2682［6～76］	92
澳大利亚	200	282～494［8～14］	N. A.
德国	300	106［3］	2.83
印度	200	35［1］	2.7
南非	100	35［1］	N. A.
波兰	100	106［3］	0.4～1.5
其他国家	200	177～353［5～10］	N. A.
煤层气地质总储量（GIP）		275～11296［78～320］	30958～33853［877～959］

注：①美国环境保护管理局，2009[7]。可采储量：GIP的30%～60%。美国常规气体储量875×10^{12}ft³（25×10^{12}m³）。

图 1.1 展示了全球主要含煤盆地[8]。

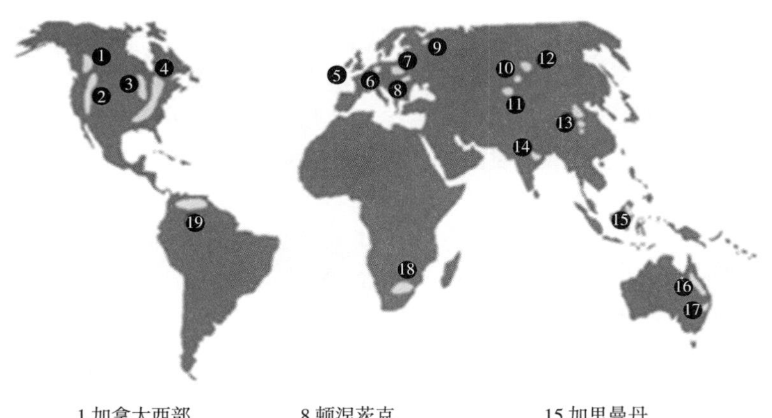

图 1.1 全球主要含煤盆地

1.2.1 美国煤盆地

如果不包括阿拉斯加，美国有三大主要含煤盆地，如图 1.2 所示。

(1) 美国西部盆地。

(2) 伊利诺伊盆地。

(3) 阿巴拉契亚盆地。

这三个盆地可以进一步分为 14 个次级盆地，但本书只讨论大盆地。

图 1.2 美国主要含煤盆地

1.2.1.1 美国西部的3个次级盆地

（1）圣胡安盆地（新墨西哥州、科罗拉多州）。盆地面积约为14000mile^2。深度6500ft以内的煤层厚度为15~50ft，总厚度为110ft。含气量为300~600ft^3/t。煤阶从低烟煤至高烟煤。渗透率为1~50mD。该区域主要采用直井配合水力压裂改造方式进行煤层气开采。推荐使用水平井多级压裂方式，能够显著提高煤层气产量。该盆地中存在一个高储层压力区域（气层压力高于静水压力），产气量很高。

（2）皮申斯盆地（西科罗拉多州）。盆地面积约为7000mile^2。煤层厚度为20~30ft，总厚度高达200ft。从地表到地下12000ft都分布有煤层。含气量为400~600ft^3/t。煤为低阶煤，渗透率很低，但也有一些区域的渗透率在1~5mD之间。主要完井方式为直井和水力压裂。使用水平井多级压裂方式可以大幅度提高产气量。

（3）粉河盆地（怀俄明州、蒙大拿州）。盆地面积高达26000mile^2。煤层厚度为50~200ft，总厚度为150~300ft。从地表露头到2500ft都分布有煤层。含气量比较低，约为70ft^3/t。煤阶很低，从褐煤到次烟煤。渗透率很高，在50~1500mD之间。产出的煤层气主要来自1000ft以内的煤层。由于煤层渗透率高，不需要对直井实施水力压裂改造。

1.2.1.2 伊利诺伊盆地（伊利诺伊州、肯塔基州和印第安纳州）

该盆地是最大的盆地之一，面积约为53000mile^2。煤层厚度为5~15ft，总厚度为20~30ft。从地表到地下3000ft都分布有煤层。煤阶从褐煤到无烟煤。含气量低，在50~150ft^3/t之间。浅层煤层渗透率很高，大约为50mD。对1000ft以内的煤层，主要采用直井和水力压裂方法完井，但是增产效果差。采用水平井开采效果会更好。

1.2.1.3 阿巴拉契亚盆地（宾夕法尼亚州、西弗吉尼亚州、弗吉尼亚州、俄亥俄州、马里兰州、肯塔基州、田纳西州和亚拉巴马州）

从煤层气产量的角度，该盆地可以分为两个区域：

（1）阿巴拉契亚北部；

（2）阿巴拉契亚中部及南部。

1.2.1.3.1 阿巴拉契亚盆地北部（宾夕法尼亚州、西弗吉尼亚州、俄亥俄州、马里兰州、肯塔基州）

盆地面积约为45000mile^2。在过去100年里，一直在进行煤矿开采。煤层厚度为4~12ft，总厚度为25~30ft。从地表到地下2000ft均分布有煤层。煤阶为低挥发烟煤到高挥发烟煤。含气量为100~250ft^3/t。地下1200ft以内的煤层渗透率变化范围为10~100mD。该区域主要利用水平井开采煤层气，初始产气量比为（5~20）$\times10^3$ft^3/(d·100ft)。煤层气总储量约为61$\times10^{12}$ft^3。

1.2.1.3.2 阿巴拉契亚盆地中部及南部（西弗吉尼亚州、弗吉尼亚州、肯塔基州、田纳西州和亚拉巴马州）

这两个区域面积总和约为46000mile^2。煤层厚度为5~10ft，总厚度为25~30ft。煤层分布在1000~3000ft之间。煤炭开采深度不超过2500ft。含气量为300~700ft^3/t。煤阶为低挥发烟煤到高挥发烟煤。煤层渗透率在1~30mD之间。利用水平开采的产气量比为(5~10)$\times10^3$ft^3/(d·100ft)。在该盆地中主要采用直井和水力压裂方法。为更好地实现商业开采，通常需要对一口井中的多个煤层实施水力压裂改造。对于有3~5个煤层的直井，产量通常为（250~500）$\times10^3ft^3/d$。该盆地煤层气总储量为（25~30）$\times10^{12}ft^3$。

美国的煤层气产业十分成熟，拥有约 50000 口井，年产量 $1.8\times10^{12}ft^3$（约占美国天然气总产量的 10%）。如果能将水平井和水力压裂技术用于西部区域的厚煤层，产气量有望翻一倍。

1.2.2 加拿大煤田

大部分煤储层都在艾伯塔和不列颠哥伦比亚省，面积约有 $400000mile^2$，但仅有一小部分区域能够进行煤层气开采。该区域位于艾伯塔省和不列颠哥伦比亚省的边界附近，煤层较厚（30~40ft）并且煤层倾角大。最好的四个开采区域是马蹄峡谷、彭比纳、马米尔和艾伯塔/BC 山麓，总储量在（4~50）$\times10^{12}ft^3$ 之间。3000ft 以内煤层，采用直井和水力压裂方式开采。对于更深的煤层，采用水平井与水力压裂方式开采。

艾伯塔省拥有 3500 口煤层气井，年产气量为 $100\times10^9ft^3$（$2.5\times10^9m^3$），产量还有进一步提升空间。预测到 2015 年，煤层气产量为 $512\times10^9ft^3$（$14.5\times10^9m^3$）。通过井下测试，获取到 Hinton 区域的地下 1000ft 处侏罗系煤层的含气量约为 $300ft^3/t$，渗透率约为 10mD。煤阶从烟煤到低挥发焦煤。

1.2.3 西欧（英国、法国、德国）

这些国家有着悠久的煤炭开采历史，几乎所有的浅层煤层已经挖掘一空。只能对 3000ft 及更深的煤层进行煤层气开采。现在，这些国家主要从废弃煤矿井中收集煤层气，并加以利用。

1.2.3.1 英国

英国有五个主要的产煤区，分别为中央山谷、北部地区、东部地区、西部地区和南威尔士。这些区域可能含有煤层气，可采储量预计超过 $100\times10^{12}ft^3$。利用直井和水力压裂方法尝试开采煤层气，但是产气量很低。南威尔士地区煤层特征良好，利用直井和水力压裂方法能够实现良好开采效果。对深部煤层，需要采用水平井配合多级水力压裂方法才能实现商业性开发。煤层普遍较薄，渗透率也非常低。其储层特征见表 1.4。

表 1.4 西欧煤田储层特征

储层特征	国家		
	英国	法国	德国
深度（ft）	3000~10000	3000~10000	3000~12000
含气量（ft^3/t）	100~350	450~500	300~450
总厚度（ft）	100	150	130
渗透率（mD）	0.5~1.5	1（评估值）	1（评估值）
储层压力梯度（psi/ft）	0.3~0.4	0.3~0.4	0.3~0.4
扩散率（cm^2/s）	10^{-8}	—	—
直井产量（10^3ft^3）	150	20~100	20~150
产气量比（水平井）[$10^3ft^3/(d\cdot100ft)$]	3	—	—

1.2.3.2 法国

法国东部的 Lorraine-Sarre 盆地具有最好的煤层气生产潜力。煤层的埋藏深度在 3000ft 以下，煤层气总储量为 $15\times10^{12}ft^3$。煤阶主要为高挥发烟煤，并且都含有煤层气。整个盆地面积约 $3000mile^2$。煤的储层特征见表 1.4[13]。

根据经验，3000ft 以下煤层采用水平井和多级压裂改造效果会更好。

1.2.3.3 德国

深层可开采的煤炭大约为 1.83×10^8t。约有 70×10^8t 煤（大多数为褐煤）中储藏有约 $100\times10^{12}ft^3$ 的煤层气。已对 Ruhr 和 Saar 盆地中埋深在 3000~4000ft 煤层进行了开采。Saar 盆地面积只有 $440mile^2$，煤层的厚度适中，渗透率非常低。尝试过直井和水力压裂开采，但增产效果不佳[14]，储层特征见表 1.4。水平井配合水力压裂是实现商业开采的最佳方法。德国的褐煤储量最多，但是不含煤层气。

1.2.4 东欧（波兰、捷克共和国、乌克兰）

1.2.4.1 波兰

煤炭总储量约为 $1.0\times10^{11}t$，煤层气储量为 $(20\sim60)\times10^{12}ft^3$。含煤层气的主要区域位于捷克斯洛伐克边界的西里西亚盆地的上部和下部。3500ft 以内的煤炭都已被采空。因此，只能从 3500ft 以下煤层中开采煤层气，这些煤层含气量很高，有 $635\sim950ft^3/t$（$18\sim27m^3/t$）。水平井和多级水力压裂是该区域煤层气开采的最好方法，裂缝间距建议为 1000ft。

1.2.4.2 捷克共和国

煤层气主要储存在西里西亚盆地上部，也称为 Ostrava-Karvina 盆地。该盆地面积为 $600mile^2$，煤层总厚度为 500ft。含气量与波兰煤田相差不大，超过 $700ft^3/t$（$20m^3/t$）。基于煤层性质好，采用直井（3300ft 处，1000m）和水平井多级压裂（在深处煤层中，裂缝间隔 1000ft）两种方法能够实现煤层气商业性开采。但是，一家英国公司采用这两种方法在该地区开采煤层气没有成功[15]，开采工艺需要进一步优化。

1.2.4.3 乌克兰

在乌克兰，深度在 6000ft（1800m）以内的煤层有 330 个，但只有 10 个可以进行煤层气开采[16]。剩余煤层都因为厚度太小而不适合商业开采。顿涅茨克盆地（也称顿巴斯）是含有煤层气的主要区域。可采的煤炭约有 $2.13\times10^{11}t$，煤层气储量约有 $63\times10^{12}ft^3$（$1.8\times10^{12}m^3$）。该区域是否进行过煤层气开采尚不知晓。煤阶在低挥发烟煤和高挥发烟煤之间，含气量为 $300\sim600ft^3/t$。其储层特征与美国阿巴拉契亚盆地中部相似。

1.2.5 俄罗斯

俄罗斯的煤炭储量全球第一，因此煤层气储量也最多，见表 1.3。保守估计煤层气储量为 $2600\times10^{12}\sim2800\times10^{12}ft^3$（$75\times10^{12}\sim80\times10^{12}m^3$）。因为俄罗斯有着丰富的天然气和石油资源，所以还没有开采煤层气。但是只有 30% 的煤是高煤阶煤，含有煤层气。煤层气最主要的储藏区域在顿巴斯（邻近乌克兰）、伯朝拉河、卡尔干达和库兹涅茨克盆地。俄罗斯的煤以低阶煤为主，含气量很低。对 4 口深度为 2000~3000ft 的直井进行水力压裂先导试验，产量只有 $(35\sim100)\times10^3ft^3/d$，低于美国煤层气井的产量。在该区域采用水平井和多级压裂改造，增产效果会更好。

1.2.6 中国

中国煤层气储量十分丰富，深度在 6500ft（1981m）以内煤层气储量约 $1100\times10^{12}ft^3$（$31.7\times10^{12}m^3$）。有四个地区含有可开采的煤层气：（1）北部（56.3%），（2）西北地区（28.1%），（3）南部（14.3%），（4）东北（1.3%）（US EPA，2009）。在美国 EPA 公司的帮助下中国的煤层气开采步入正轨。已经拥有 1000 多口直井，大部分井进行了水力压裂增产。目前年产气量约为 $130\times10^9ft^3$（$4\times10^9m^3$），产量可能会进一步提升。通过对浅层煤层气的开采，可以为日后地下煤炭开采提供安全保证。中国煤矿爆炸频率及死亡人数仍然相当高。直井水力压裂方法可以获得很高的煤层气产量，但对于 3300ft（1000m）以下的煤层需要使用水平井多级水力压裂方法。

1.2.7 印度

印度拥有 17 个煤田，煤炭总储量约有 2000×10^8t，但只有 Ranigunj（西孟加拉邦）、贾里亚（贾坎德）、Singrauli（中央邦）含煤盆地有煤层气。深层煤层为高煤阶煤，含气量为 $100\sim800ft^3/t$。在深度为 4000ft（1200m）的煤层是最佳开采层位，含气量超过 $10m^3/t$（$353ft^3/t$）。印度相关部门评估煤层气储量为（70~100）$\times10^{12}ft^3$[（2~3.4）$\times10^{12}m^3$][17]。已经在 4 块面积约为 $6000mile^2$ 的煤田中钻探 100 多口直井，并进行了水力压裂改造，未见相关产量报道。深层煤层通常都很薄，难以开采。在比哈尔邦省和奥德希亚省有些埋深很浅的厚煤层，十分有利于煤层气开采，但目前还未进行开发。

1.2.8 南非

位于南非中部的威特班克和海菲尔德盆地是煤层气开采的最佳地区。南非绝大多数的煤都产自这两个盆地，以高阶煤为主，煤层埋深浅。在 1000ft 处，平均含气量约 $300ft^3/t$。已经采用直井水力压裂和水平井多级压裂进行初步开采，但未见产量报道[18]。预测的煤层气储量很低，为（5~10）$\times10^{12}ft^3$。由于煤层埋深太浅，无法采用直井水力压裂方法。只有利用水平段长为 3000~5000ft 的水平井技术才能实现商业开采。在美国的阿巴拉契亚盆地北部采用的煤层气生产技术也可能适用于南非。

1.2.9 澳大利亚

伯恩盆地（昆士兰州）和悉尼盆地（新南威尔士州）煤层气储量约为 $7\times10^{12}ft^3$，是最佳的开采区域。悉尼盆地煤层更深，含气量为 $350\sim700ft^3/t$，适合采用直井水力压裂法开采。利用水平井开采煤层气获得产量比为（8~10）$\times10^3ft^3/(d\cdot100ft)$。通过设计优化使直井穿过多个煤层，产量能够达到（200~300）$\times10^3ft^3/d$。伯恩盆地有 500 多口井，每口井产气量约有 $100\times10^9ft^3$，约占澳大利亚全国煤层气产量的 90%。该盆地的煤层浅，水平井开采效果要比直井配合水力压裂法效果好。

1.2.10 其他产煤国家

尽管缺乏数据支持，其他产煤国家也拥有可观的煤层气储量，甚至比上述国家产量都多。可以通过钻井、收集岩心和测试含气量进行储量评价，利用以下方法优选最佳煤层气开采区。

（1）深层具有一定厚度的高阶煤都是煤层气潜在储层。

（2）厚煤层（100~300ft），即使是浅层低阶煤。美国粉河盆地就是很好的例子。

(3) 甲烷含量很高的煤矿。甲烷含量是指每吨煤中所含甲烷量。它与煤层深度呈线性关系，如图 1.3 所示[19]。甲烷含量超过 700 ft^3/t ($20m^3/t$) 的煤矿是优质的煤层气储层。

全球煤层气生产受到一些非技术因素影响，主要有以下三个因素。

(1) 世界天然气供应过剩。

(2) 除美国外，缺乏煤层中水平井钻井设备和技术。

(3) 环境法，特别是欧洲的环境法，使得开采成本非常高。在东欧钻探一口典型注水井的成本是美国阿巴拉契亚盆地中部钻井成本的 3 倍。

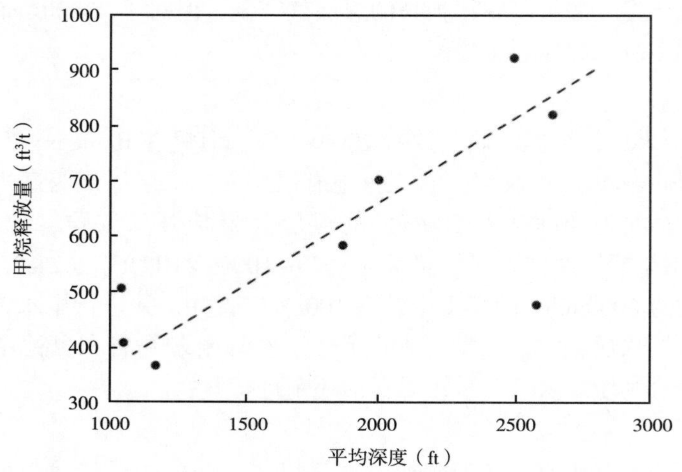

图 1.3　地底煤矿甲烷排放量与深度的关系

煤层的钻井、完井和生产方法与在常规砂岩和石灰岩方法完全不同，具体区别见表 1.5。

表 1.5　煤层气储层与天然气储层的对比

煤层气储层	天然气储层
气体吸附在煤微粒表面	气体储存在孔隙中
气体首先从煤中扩散（菲克定律），然后通过煤中的裂隙（达西定律）	严格的达西渗流
含气量与煤质量相关性高	含气量与岩石质量相关性小
渗透率与深度有关	渗透率与深度无关
吸附特性通常限制了采收率	采收率仅与储层压力耗竭有关
储层为煤岩（碳含量≥50%）	储层为非含碳岩石
煤层气与煤共生	储层不一定是生烃层

因此，煤层气开采比从砂岩和石灰岩中开采天然气更加复杂和困难。本书旨在用简单、易懂的文字来描述煤层气藏和生产工程。本书所包含的内容将有助于优化煤层气产量。

参考文献

[1] Hargraves A J. Planning and operation of gaseous mines. CIM Bull March, 1973.

[2] World Energy Reserves and Consumption. , http://en.wikipedia.org/worldenergyreserve&consumption/. , 2013.

[3] Landis E R, Weaver J W. Global coal occurrences: hydrocarbons from coal. AAPG Stud Geol, 1993; 38: 1-12.

[4] World Coal Statistics. World Coal Association, http://worldcoal.org/. , 2013.

[5] The International Coal Seam Gas Report. Cairn point publishing company, Queensland, Australia, 1997.

[6] Kuuskraa V A, Boyer C M, Kelafant J A. Coal bed gas: hunt for quality gas abroad. Oil Gas J, 1992, 90: 49-54.

[7] Global Overview of CMM Opportunities. US Environmental Protection Agency (US EPA) Coal bed methane outreach program, 2009, 260.

[8] Thakur P C. Coal bed methane production. Chapter 11.6 in SME Mine Engineer's Handbook, 2011.

[9] Thakur P C, et al. Coal bed methane: from prospect to pipeline. Amsterdam: Elsevier; 2014, 420.

[10] Rogers, et al. Coal bed methane; principles and practices. Starkville: Oktibbeha Publishing; 2011.

[11] NAEWG, North American Natural Gas Vision Report. North American Energy working group experts group on natural gas trade and interconnections, www.pi.energy.gog/pdf/library/NAEWGGASVISION2005.pdf. , 2005.

[12] Creedy D P. Prospects for coal bed methane in Britain, Coal Bed Methane Extraction Conference, London, 1994, 1-18.

[13] Gairaud H. Coal bed methane resources and current exploration/production work. Coal Bed Methane Extraction Conference, London, 1994: 1-26.

[14] Schloenbach M. Coal bed methane resources of Germany's Saar basin and current activities. Coal Bed Methane Extraction Conference, London, 1994.

[15] BERR/DTI. Assessment of cleaner coal technology market opportunities in Central and Eastern Europe, Department of Business and Regulatory Reform, Project report R270, DTI/Pub URN 04/1852, 2004.

[16] Lakinov V. Prospects for CBM industry development in Ukraine, M2M workshop—Ukraine, Beiging, China, 2005.

[17] DGH, CBM exploration, Directorate general of hydrocarbons. Ministry of Petroleum and Natural Gas; New Delhi, India, 2008.

[18] UN FECC, South Africa' s initial national communication to UN framework convention on climate change. p. 77. http://unfecg.int/resource/docs/nate/zafnc01.pdf. , 2000.

[19] Thakur P C, et al. Global methane emissions from the world coal industry. Proceedings of the International Symposium on Non-CO_2 Green House Gases, Why and How to Control, Maastricht; The Netherlands, 1993: 73-91.

第2章　含气量及储量评价

含气量是煤层气藏最重要的参数。本章讨论了多种测试该参数的方法。等温吸附曲线是煤层气藏另一个重要特性，描述了含气量与储层压力之间的关系。通过对美国主要煤层性质分析，获取了多组计算等温吸附曲线的关键参数，并推导出用于间接估算含气量的数学模型。分析了影响煤层气含量的参数：埋深、储层压力、煤阶、温度、湿度和灰分含量等。评价了可开采煤层、浅层和深层煤层气含量。针对深层和不可采煤层，提出了一种估算气体储量的方法，包括岩心分析、实验室测试和煤层相似性分析。最后，列举了煤层气中甲烷、乙烷、丙烷、氢气、二氧化碳、氮气等大部分组分的重要性质。

重要的储层参数不仅影响煤层气产量，还决定了生产过程中工艺和技术的选择：

含气量和等温吸附曲线；

基质渗透率；

煤层深度和压力；

吸附扩散系数；

含水量及水质；

地层应力；

煤及周围地层的弹性力学性质。

标准温度和压力（STP❶）下，煤层中所含气体体积称为含气量，用 ft^3/t 表示。气体以单层的形式储存在煤的微观煤粒子间，粒子间的孔隙远小于煤层基质孔隙。在更深煤层中，煤层气可能以“压缩下的液态形式存在”[1]。含气量受煤阶、温度、压力以及深度等参数影响。煤的微观表面积较大，1t 煤的表面积约为 $2.218\times10^8ft^2$。在高压下，相同体积煤的含气量是常规砂岩储层的 2~3 倍。

气体含量的测定方法分为常规法和加压解吸法。在常规法中，从煤层中取出煤岩心或从岩心孔中取出钻屑，立即将其放入密封的容器中测量解吸气体。但是，在样品回收和处理过程中，气体损失量难以确定。为此，研究出了加压岩心解吸法，最大限度地减少气体损失。气体解吸速率可用于计算煤层中气体的扩散率，也可用于分析煤矿井中是否易于发生瞬间爆炸。对游离态的气体进行化学分析，可测定煤层气的组分和燃烧产生的热量。

2.1　直接测定气体含量的方法

这项技术最初由 Bertard 和 Kissell[2,3] 提出。Diamond 和 Schatzel[4] 对其进行了进一步的改进，后经美国材料与试验协会（ASTM）确定为“测定煤中气体含量的标准化操作规程”（ASTM D 7569-102010）[5]。该方法首先测定煤样中已解吸的气体量。然后，绘制累计气量与时间平方根的关系图，确定损失气量。最后，在密闭的磨煤机中粉碎经过称重的煤样，

---

❶ STP 表示 32℉，14.7psi。

获得残余气体。煤的含气量由以下三部分组成：解吸气体、损失气体和残余气体。

2.1.1 解吸气体

将煤样或钻屑放入密闭的解吸罐中，定期测定解吸气量。在最初的几天里，可能需要每小时记录一次，之后每天记录一次。实验装置总体布置如图 2.1 所示。

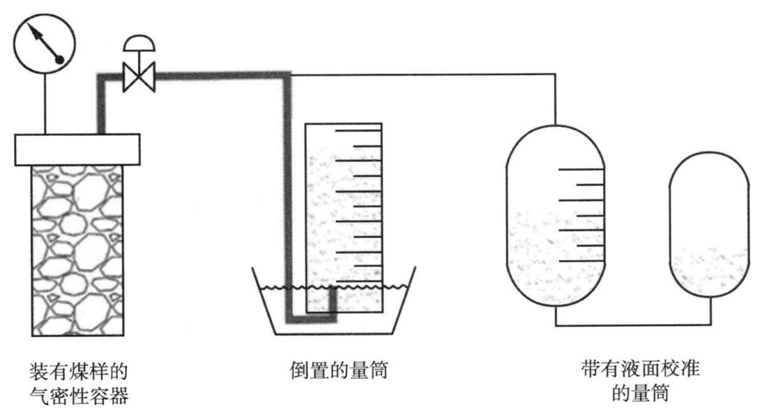

图 2.1 气体含量测定装置

装置中，解吸罐高约 18in，内径 4in。它配有一个压力表和一个阀门，用于排出解吸气体。气体体积根据玻璃量筒中水位变化确定，该量筒直径为 4in，高度为 12in。量筒与带有液面校准的水罐相连，当二者液面相同时，可以测量气体体积，测量精度约为±4%[6]。

解吸过程一般持续 4~6 周。当解吸量低于 $10cm^3/d$ 时，实验停止。以累计气量为纵坐标，以时间的平方根作为横坐标，绘制出二者之间的关系曲线，确定解吸气体量。用气体色谱仪定期分析解吸气体的组分和热值。

2.1.2 损失气体

损失气体是指在煤样放入解吸罐前，样品在收集和回收过程中逸出的气体。大多数煤或页岩气藏中的气体解吸过程都遵循幂律关系[7-8]。

$$Q=At^n \tag{2.1}$$

式中 Q——解吸气体的累计气量，ft^3；

A——煤的特性系数（等于气井的初始产量）；

t——气体解吸时间，d 或 min；

n——煤或页岩的特性系数。

公式（2.1）的对数形式为：

$$\ln Q = \ln A + n\ln t \tag{2.2}$$

大多数煤的“n”值为 0.8~1.0。因此，$\ln Q$ 与 $\ln t$ 之间的关系曲线是一条直线，而 y 轴上的截距等于 $\ln a$。

可将公式（2.1）简化为：

$$Q=B+nt^{0.5} \tag{2.3}$$

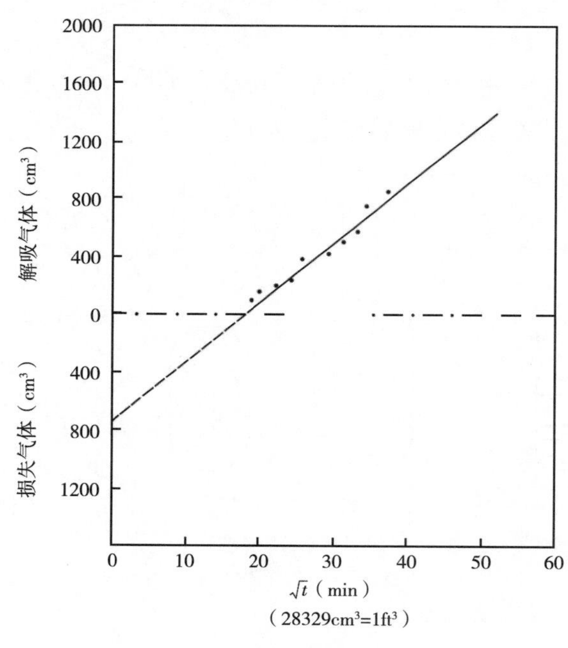

图 2.2 损失气体估算图

因此，以 $t^{0.5}$ 为 x 轴，以累计解吸气体量 Q 为 y 轴，绘制二者的关系图，直线与 y 轴截距为气体损失量，如图 2.2 所示。这里的"n"值一般取 1.00。

2.1.3 残余气体

即使解吸罐中的煤样停止释放气体，样品中仍有大量气体，需要将样品粉碎至非常细小的颗粒来回收和测定残余气体。将已测定的煤心或钻屑放入密闭球磨机中粉碎[9]，再次利用解吸气体含量的实验装置对煤样中释放的气体进行测定。

解吸气、损失气和残余气相加得到煤样中气体总含量。测试煤样的湿度、灰分、易挥发物质和固定碳含量等相关参数。在干燥无灰的条件下计算煤样重量。总的气体量除以煤样重量便是煤层含气量，单位为 ft^3/t。

表 2.1 列举了美国境内典型煤层的含气量和组分数据。

表 2.1 美国境内部分典型煤层中含气量和组分数据

煤层	等级	含气量	组分① (%)					热值 (Btu/ft^3)
			CH_4	C_2H_6	C_3H_8	H_2	CO_2	
波卡洪塔斯 3 号煤 (VA)	L. V.	450~650	97~98	1~2	微量	.02	0.2~0.5	949~1058
哈特斯通 (OK)	L. V.	200~500	99.20	0.01	—	—	—	900~1058
基塔宁 (PA)	L. V.	200~300	95~98	0.02	微量	—	0.1~0.2	1020
玛丽李 (AL)	L. V.	200~500	96	0.01	—	—	—	1024
匹兹堡 8 号煤 (WV)	HVA	100~250	89~95	0.25~0.5	微量	—	2~11	949~1000
梅萨维德	Sub bit	100~300	88	—	—	—	12	938
地层 (NM)								

注：①表中未列出 N_2 和 Ar 的含量，但仍需要其含量，以对气体含量总百分比进行归一化处理。
L. V. 指无烟煤，HVA 指褐煤，Sub bit 指亚烟煤。

2.2 气体等温线及间接测定气体含量的方法

在恒温条件下，可以得到解吸气体量和围压之间的关系。图 2.3 显示了美国 5 个不同煤层的气体等温线。

相同围压下，高阶煤含气量多。高阶煤挥发性物质含量低，而低阶煤挥发性物质含量较高。煤的吸附能力随压力的增加而增加，但增加的速度不断下降，当曲线趋于水平时，

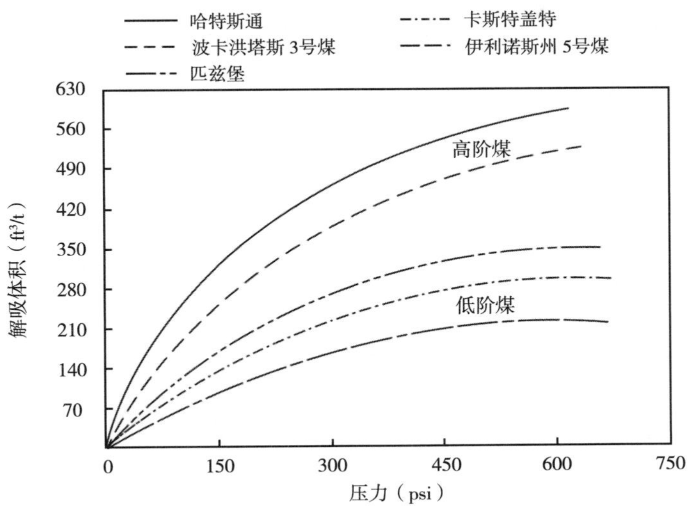

图 2.3 部分美国煤层气体等温线

吸附能力达到极限。

等温线数学表达式有两种：

（1）Langmuir 等温线[10]。

$$V = V_{\mathrm{m}} \frac{bp}{1 + bp} \tag{2.4}$$

式中 V——压力 p 下含气量，ft^3/t；

V_{m}——煤的最大吸附气量，ft^3/t；

p——压力，psi；

b——Langmuir 常数，psi^{-1}。

（2）Freundlich 等温线[11]。

$$V = mp^k \tag{2.5}$$

式中 m，k——煤的特性系数；

p——压力，psi；

V——压力 p 下含气量，ft^3/t。

在给定压力下，通过间接法测量含气量时，公式（2.1）可以改写为：

$$\frac{p}{V} = \frac{p}{V_{\mathrm{m}}} + \frac{1}{bV_{\mathrm{m}}} \tag{2.6}$$

参数 b 在数值上等于 $1/p_{\mathrm{L}}$，p_{L} 是气体等温线上 $V_{\mathrm{m}}/2$ 对应的压力值，公式（2.6）改写为：

$$\frac{p}{V} = \frac{p_{\mathrm{L}}}{V_{\mathrm{m}}} + \frac{p}{V_{\mathrm{m}}} \tag{2.7}$$

如果将图 2.3 所示气体等温线的 y 轴替换为 p/V，x 轴替换为 p，得到一条直线，如图 2.4 所示。直线斜率为 $1/V_m$，因此可以确定 V_m 的值。直线在 y 轴上的截距等于 p_L/V_m，可以计算 p_L 的值。

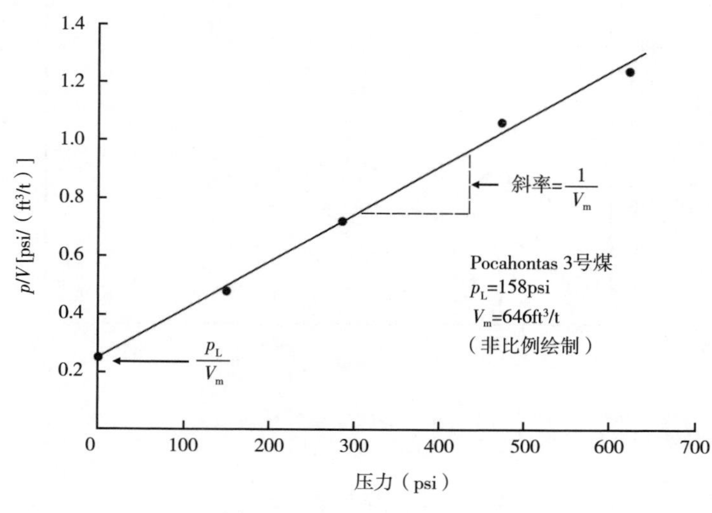

图 2.4 p 与 p/V 关系曲线

图 2.3 中所有气体等温线的 p_L 和 V_L 值在表 2.2 中。

表 2.2 美国典型煤层 p_L 和 V_L 计算值

煤层	V_L (ft^3/t)	p_L (psi)
Hartshorne	788	205
Pocahontas 3 号煤	646	158
Pittsburgh	443	170
Castlegate	409	229
Illinois 6 号煤	353	273

Hartshorne 和 Pocahontas 煤层较深，深度为 1500~2500ft，含气量为 550~650ft^3/t，储层压力为 500~650psi。这些煤层已经非常接近饱和状态，气体损失很少，产气量会很高。Pittsburgh 和 Illinois 煤层埋深相对较浅，约为 1000ft，测得含气量为 100~200ft^3/t，储层压力小于 200psi。这表明煤层已经损失大量（50%~60%）气体，产气量会很低。

2.3 煤孔隙含气量的计算

间接法只能计算煤层吸附气量，需要考虑在裂隙和孔隙中气体含量。煤层的孔隙度通常在 1%~5%之间。上述关系由公式（2.8）表示：

$$V_\phi = \phi V_C \times \frac{p}{p_o} \times \frac{273}{T} \tag{2.8}$$

式中 V_ϕ——标准温度压力下，煤孔隙中的气体含量，ft^3/t；

ϕ——煤的孔隙度，%；

p——煤层压力，psi；

p_o——大气压；

V_C——每吨煤的体积，ft^3/t；

T——煤层温度，K。

假设，$\phi=3\%$；$p=600psi$；$p_o=14.7psi$；$T=333K$；$V_C=25ft^3/t$

$$V_\phi=\frac{0.03\times25\times600\times273}{14.7\times333}=25ft^3$$

通过间接法计算得到煤中含气量为 $500ft^3/t$，孔隙中含气量为 5%。

2.4 不同参数对煤藏含气量的影响

2.4.1 储层压力

储层压力是影响煤层含气量最重要的因素。一般来说，煤层越深，其储层压力和含气量越高，如图 2.3 所示。

2.4.2 煤阶

一般来说，煤阶越高，含气量越高。Hartshorne 和 Pocahontas 的 3 号煤层是高阶煤，而 Pittsburgh、Castelgate 和 Illinois 6 号煤层则是低阶煤。

2.4.3 温度

温度对含气量的影响规律与储层压力相反。温度越高，每吨煤中的煤层气含量越低。

2.4.4 含水率

煤层中的含水率增加，含气量会降低，公式（2.9）可以计算[13]。

$$\frac{V_{湿}}{V_{干}}=\frac{1}{1+0.31W} \tag{2.9}$$

式中 W——煤层含水率，%。

当煤层含水率增加 5%，干煤中的气体含量会减少约 60%。

2.4.5 灰分

煤层中灰分含量越少，含气量越高，关系表达式为：

$$\frac{低灰分煤含气量}{高灰分煤含气量}=\frac{1}{1-0.01A} \tag{2.10}$$

式中 A——灰分含量（一般小于 50%）。

2.5 煤层气储量评估

2.5.1 可采区储量评估

煤矿开采过程中，由于受地层应力作用，煤层中释放气体会进入煤矿巷道中。图 2.5

是煤矿开采区上部和下部气体释放与垂直距离间关系[14]，在地层变形作用下，气体进入开采矿道中。将开采煤层的宽度和长度作为开采面积，例如，开采长度和宽度为10000ft×1200ft，相当于275acre。开采煤层释放气量与开采面积之比为气体释放量。例如，位于Appalachia中部的Pocahontas 3号煤层的释放量为$30\times10^6ft^3/acre$。

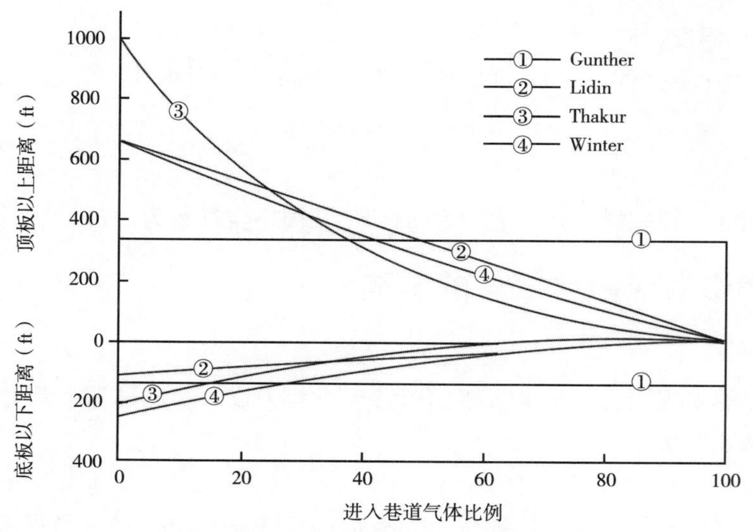

图2.5 气体排放空间竖直方向上的极限

然后，将煤矿中所有开采面积与释放量相乘，得到总的释放量。通常，一个煤矿开采面积在100000~200000acre之间，可开采年限为30~60年，假设煤的采收率为50%，煤矿中释放量为$(1.5\sim3)\times10^{12}ft^3$。同时，在煤矿中布置500口直井，平均单井产量为$300\times10^3ft^3/d$，总产气量为$150\times10^6ft^3/d$。典型的长壁式煤矿开采，每天开采面积1acre，总产量为$30\times10^6ft^3/d$。因此，煤矿日产气量达到$180\times10^6ft^3/d$，能够实现商业性开采。

2.5.2 不可采储层中气体储量评估

煤层气藏包含许多煤层（通常超过30层），埋深可以达到10000ft，然而，只有少数的煤层具有商业开采价值。以下是两种主要的煤层气开采技术。

(1) 直井水力压裂技术：针对埋深为1500~3000ft煤层。1500ft以内煤层，压裂产生水平缝，增产效果不明显。埋深超过3000ft，煤层渗透率太低，不利于煤层气的生产。通常情况下，不压裂厚度小于3ft的煤层。这些标准有助于压裂选层。

(2) 地面水平井钻井技术：不受煤层埋深限制，通常用于厚煤层中。浅层煤层中，水平段长度约为3000ft。深层煤层中，水平段长度为5000~10000ft。

计算单个煤层的储量，最后得到整个储量。对于单个煤层，煤层气储量G表示为：

$$G = 43560AHC_g \tag{2.11}$$

式中 A—煤层面积，acre（$1acre=43560ft^2$）；

H——煤层高度，ft；

C_g——煤层含气量，ft^3/ft^3。

例如，煤层面积为100000acre，高度为6ft，单位体积煤中含气量为$25ft^3$，则煤层气储量$G=43560\times100000\times6\times25=653\times10^9ft^3$。

煤层的扩散系数很大程度决定了煤层气的采收率。扩散系数低（低于$10^{-8}s^{-1}$），采收率仅为60%。扩散系数高（大于$10^{-6}s^{-1}$），采收率可以达到80%。

2.6 煤层气的性质

采出的煤层气需要进行处理，满足商业管线输气要求。通常要求每960Btu中不可燃气体（N_2和CO_2）含量不低于4%，氧气含量为0.2~1.00mL/m^3，气体含水量不得超过7 lb/10^6ft^3。

表2.3列举了煤层气中主要气体组分的相关物理性质（改编自Physics and Chemistry Handbook[15]和Handbook of Natural Gas Engineering[16]）。

表2.3 煤层气的气体特性

组　分	甲烷	乙烷	丙烷	氢气	二氧化碳	氮气	空气
组分	CH_4	C_2H_6	C_3H_8	H_2	CO_2	N_2	N_2—O_2
相对分子质量	16.04	30.06	44.09	2.02	44.01	28.02	28.97
标准状况下的反向密度（ft^3/lb）	23.61	12.52	8.47	188.67	11.05	13.53	13.09
相对密度	0.55	0.41	1.02	0.069	1.55	0.97	1.00
0℃时的黏度（10^{-4}mPa·s）	202.6（at 380℉）	84.8	75	83.5	136.1	165	178.8
临界压力（psi）	673	708.3	617.4	188	1073	492	547
临界温度（℉）	−116.5	90.09	206.26	−399.8	88	−232.8	−221.3
标准状况下的等压比热容（C_p），Btu/(lb·℉)	0.53	0.39	0.34	3.34	0.20	0.25	1.24
标准状况下的总热值（Btu/ft^3）	1012	1783	2557	324	—	—	—

参考文献

[1] Yee D, et al. In: Law RE, Rice DD, editors. Gas sorption on coal and measurement of gas content, in hydrocarbons from coal. Tulsa: AAPG, 1993: 159-184.

[2] Bertard C, et al. Determination of desorbable gas concentration of coal. Int J Rock Mech Min Sci, 1970, 7: 43-65.

[3] Kissell F N. The direct method of determining methane content of coal beds for ventilation design, US Bureau of Mines, RI 7767, 1973: 17.

[4] Diamond W P, Schatzel SJ. Measuring the gas content of coal: a review. Coal Geol 1998, 35: 311-331.

[5] ASTM Designation: D7569-10. Standard practice for determination of gas content of coal—direct desorption method, 2010.

[6] TRW. Desorbed gas measurement system—design and application. US Department of Energy Contract No. DE-AC21-78MC08089, METC, Morgantown, WV, 1981.

[7] Thakur P C. Methane control on longwall gobs, Longwall-shortwall mining, state of the art. AIME, 1981: 81-86.

[8] Thakur P C. Methane flow in Pittsburgh coal seam. Harrogate: The 3rd International Mine Ventilation Congress, 1984: 177-182.

[9] Thakur P C. Mass distribution, percent yield, non-settling sizes and aerodynamic shape factors of respirable coal dust particles, MS Thesis, Penn State University, 1971: 133.

[10] Langmuir I. The adsorption of gases on plane surfaces of glass, mica and platinum. J Am Chem Soc, 1918, vol. 40: 1361-1403.

[11] Yang R T, et al. Gas separation by adsorption process. Boston: Butterworth Publishers, 1987.

[12] Boxho J, et al. Fire damp drainage, VGE. Essen: Verlag Gmbh, 2009: 419.

[13] Ettinger, et al. Systematic handbook for the determination of methane content of coal seams from the seam pressure of the gas and methane capacity of coal. Institute of Mining, Academy of Science, USSR, USBM translation 1505, 1958.

[14] Thakur P C, Zachwieja J. Methane control and ventilation for 1000 ft wide longwall faces. USA: Longwall, 2001: 167-180.

[15] Hodgman C D, editor. Handbook of chemistry and physics. Cleveland, OH: The Chemical Rubber Publishing Company, 1941: 2324-2325.

[16] Katz D L. Handbook of natural gas engineering. Newyork: McGraw-Hill Book Company, 1959: 131-132.

第3章　孔隙度和渗透率

含气量、渗透率和孔隙度是煤层气藏的重要参数。本章定义了煤层的孔隙度和渗透率。介绍了一种孔隙度实验测试方法。同时，讨论了三种渗透率测试方法：理论法；实验法和现场测试法。通常理论法将煤岩假设为理想结构体，但实际上煤岩的各向异性很强。简要介绍了两种渗透率实验测试方法，颗粒渗透率测试和压力脉冲衰减测试，但测试结果通常低于实际渗透率值。列举了多种现场测试方法，并对三种技术进行了详细讨论。现场应用最多的是小型压裂测试技术，可以解释出多个煤层参数。详细讨论了三种计算精度高的有效渗透率现场测试方法，裂缝闭合压降曲线分析、压降试井和压力恢复试井，并绘制了用于煤层有效渗透率计算的计算图版。最后，讨论了煤层深度、温度、基质收缩性、克林肯伯格效应等对渗透率的影响。

煤是一种多孔介质，为了准确地分析流体煤中的流动，需要理解两个主要参数：孔隙度和渗透率。

3.1　孔隙度的定义

孔隙度是岩石内部储集气体或液体体积所占岩石总体积的百分比。煤层内含有大量裂隙，也称为割理。按照形态和特征，可将割理分为面割理和端割理，二者相互垂直，如图3.1所示。面割理是煤层气储存和运移的主要通道，端割理为次级通道，二者构成了煤层的主要孔隙空间。

孔隙度的数学表达式为：

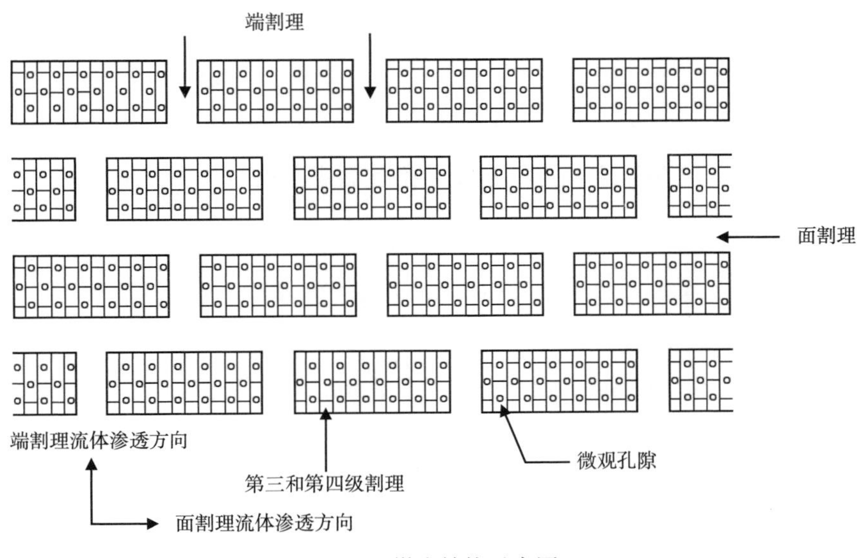

图3.1　煤岩结构示意图

$$\phi = \frac{V_p}{V_b} = \frac{V_b - V_m}{V_b} \tag{3.1}$$

式中 V_p——岩石内相互连通的孔隙体积；

V_b——岩石总体积；

V_m——岩石基质体积。

测量公式（3.1）中任意两个参数可以得到煤的孔隙度。美国煤层的孔隙度范围为1%～5%。

3.2 孔隙度的测量

测试岩样直径约1in、长度1～2in。按照以下步骤测定样品固体基质体积：

（1）岩样称重；

（2）放入容器中抽真空；

（3）用已知密度的液体（如四氯乙烷）饱和岩样；

（4）岩样称重。

通过以下公式计算岩样孔隙度。

$$孔隙度（\%）= \frac{孔隙体积\times 100}{所取样岩心体积} = \frac{孔隙内液体的质量\times 100}{（液体密度）（所取样岩心体积）} \tag{3.2}$$

例如：

所取岩心体积为9cm^3，干燥状态下岩心质量为21g，经四氯化碳饱和后岩心质量为22.3g，孔隙内液体质量为1.3g，四氯化碳的密度为1.6g/cm^3，因此有：

$$\phi = \frac{1.3\times 100}{1.6\times 9} = 9\%$$

煤层的裂隙是气体的运移空间，仅存储少量气体。储集空间主要由基质中的微观毛细管和分子级的孔穴组成。在裂隙和孔隙中以游离态形式存在的气体数量只占总含气量5%～10%。含气量取决于煤阶和深度等参数。

3.3 渗透率的定义

渗透率是多孔介质的一种特性，是岩石传输流体的能力。它取决于驱动压差、试样面积和流体黏度。

数学表达式为：

$$u = \frac{Q}{A} = -\frac{K}{\mu} \cdot \frac{dp}{dx} \tag{3.3}$$

式中 Q——液体流量，cm^3/s；

u——流体的平均流速，cm/s；

A——横截面积，cm^2；

K———渗透率，D；

μ——动力黏度，mPa · s；

$\frac{dp}{dx}$——压力梯度，atm/cm^2。

公式（3.3）中负号表示流体沿压力梯度下降的方向流动。由于大多数可开采煤层埋深浅（深度小于3000ft），可以假设流体是不可压缩的。试样长度为L，对公式（3.3）积分：

$$\frac{Q}{A}\int_0^L dx = \frac{-K}{\mu}\int_{p_2}^{p_1} dp \tag{3.4}$$

或者

$$Q = \frac{KA}{\mu L}(p_1 - p_2) \tag{3.5}$$

公式（3.5）中的所有参数都是已知的，很容易测定岩样渗透率。

温度为68℉，1个大气压差，1mPa · s黏度的流体以$1cm^3/s$的速率通过边长为1cm的正方体煤样，渗透率为1D。换算成米制单位，1D相当于$9.869233310213m^2$或大约$1mm^2$。通常渗透率以毫达西表示，mD。

对于气体，引入体积q，公式变为：

$$q = Q \cdot \frac{p_1 + p_2}{2p_b} \tag{3.6}$$

代入公式（3.5）得到渗透率计算公式：

$$K = \frac{2000qL\mu p_b}{A(p_1^2 - p_2^2)} \tag{3.7}$$

式中 K——渗透率，mD；

q——气体流量，cm^3/s；

L——样品长度，cm；

μ——气体动力黏度，mPa · s；

p——绝对压力，atm，p_1是上游压力，p_2是下游压力，p_b是气体测量基准压力。

例如，假设：$q = 2cm^3/s$；$p_1 = 2atm$；$p_2 = 1atm$；$L = 2cm$；$A = 3cm^2$；$p_b = 1.00atm$；$\mu = 0.018mPa \cdot s$。

在68℉条件下，则

$$K = 1 \times \left[\frac{2000 \times 2 \times 0.018}{3 \times (4 - 1)}\right] \times \frac{1.0}{1.0} = 8mD$$

3.4 渗透率的测量

用于测量非均质、黏弹性、吸附性岩石渗透率的方法分为三类：

(1) 基于孔渗理论的计算方法;

(2) 基于实验室测试，通常用同样的仪器测试孔隙度和渗透率;

(3) 现场测试。

3.4.1 孔隙度和渗透率的理论计算方法

Robertson 和 Christensen[2]通过一个立方体微元代表煤基质。主裂缝的宽度为 b，立方体边长等于 a。

图 3.2 为这个理想系统的示意图。孔隙度计算公式为:

$$\phi=\frac{3b}{a} \tag{3.8}$$

同样，渗透率为:

$$K=\frac{b^3}{12a}(b \ll a)(\mathrm{D}) \tag{3.9}$$

a 和 b 可以通过实验室测试和现场测试获得。

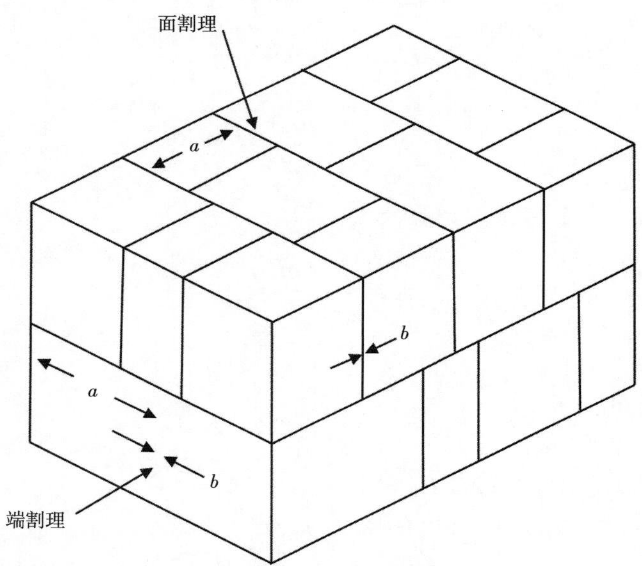

图 3.2 具有宏观裂隙的煤岩模型

举例如下:

假设: $a=1\text{mm}=1000\mu\text{m}$，$b=5\mu\text{m}$，则孔隙度为:

$$\phi=\frac{3b}{a}=\frac{3\times5}{1000}=0.015 \text{ 或 } 1.5\% \tag{3.10a}$$

渗透率为:

$$K=\frac{b^3}{12a}=\frac{5^3\times1000}{12\times1000}=10.42\text{mD} \quad (3.10\text{b})$$

通过测量面割理和端割理的宽度值计算平均宽度。但是，目前缺乏现场测试对理论计算数据的校对。

3.4.2 渗透率实验测量方法

稳态法测定渗透率，选用煤样直径为 11.5in 和长度 12in，进行抛光。然后，放入岩心夹持器中并加围压，模拟地下条件。在设定压力下，测量通过岩样的流体流量，最后用公式（3.5）或公式（3.7）计算液体或气体的渗透率❶。计算结果通常远低于实际渗透率。对于煤、页岩等低渗透岩石，需要很长时间才能使流动达到稳态。

非稳态法测定渗透率主要包括颗粒渗透率测试和压力脉冲衰减测试。因为测试速度更快，测量级别到纳米[3,4]，已用于页岩渗透率测试。

3.4.2.1 GRI 技术

该方法与 Boyle 定律的测试原理相似[5]。将惰性气体置于一个容器中，在压力 p_1 下使其运移至含有页岩或煤粉碎颗粒的第二个容器。Tinni[3] 描述了实验相关细节和计算，但该技术存以下缺点：

（1）无法在岩样上施加地层应力；

（2）气体流动不符合达西定律；

（3）测试结果过度依赖于颗粒尺寸。

该方法测得的渗透率通常比稳态条件下的测量结果高 3~10 倍[6]。

3.4.2.2 脉冲衰减技术

压力脉冲衰减方法由 Brace[7] 提出，用于测试花岗岩渗透率。也可以测试其他岩石的渗透率。首先对岩样施加围压，达到一个平衡状态。然后，施加一个压力脉冲，分别在岩心两侧记录压力衰减数据。最后，分析压力脉冲随时间的变化，计算渗透率。绘制压力对数与时间的关系曲线图，曲线斜率是渗透率的函数，利用瞬态拉普拉斯方程计算渗透率[4]。

该方法计算时间长且计算式难求解，结果比稳态测量数值高 2~8 倍[8]，但是不太适用于非均质性强具有吸附性煤岩[9]。

3.4.3 基于现场试验的渗透率测量方法

现场测试得到的渗透率最准确，采用的技术分为两类：

（1）不稳定试井；

（2）生产数据拟合。

3.4.3.1 压力瞬变试验

天然气井的不稳定试井方法包括：

（1）钻杆试井；

（2）段塞试井；

（3）压降试井；

---

❶ 建议进行五到六次测量并取平均值。

(4) 压力恢复试井；

(5) 多井试井。

3.4.3.1.1 微观孔隙注液试验

该测试是将少量（1000~2000gal）KCl液体以排量3~5bbl/min缓慢注入煤层，并记录井底压力变化。泵入1000~2000gal液体后，停止测试。并记录瞬时关井压力，该压力与静液柱压力之和与储层深度比值称为地层压力梯度，可用于计算渗透率。图3.3为典型的井下压力随时间的变化曲线，压力下降速率在稳定之前变化了两次。

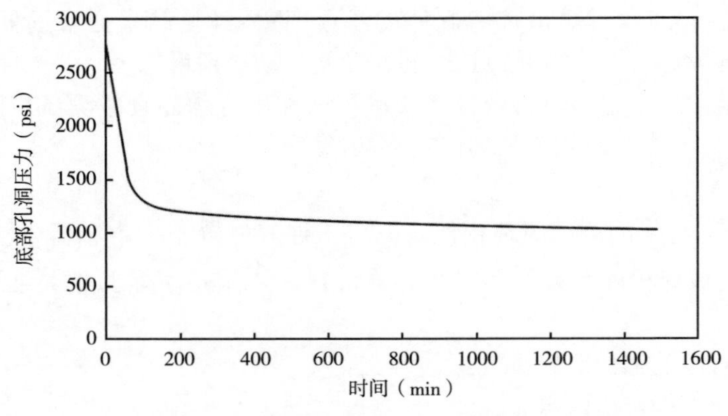

图3.3 典型微压裂压力—时间关系图

采用dp/dt能够更清楚地表示压力下降速率，如图3.4所示。第一个拐点为裂缝开启压力，第二拐点为闭合压力。闭合压力也可以用于估算渗透率。

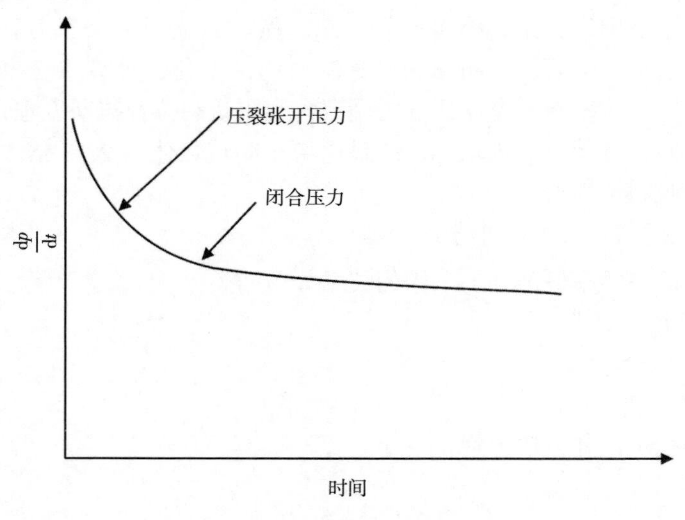

图3.4 压降速率—时间关系图

图3.5为美国煤层的渗透率和闭合压力之间的关系。通常，闭合压力越高，渗透率越低。

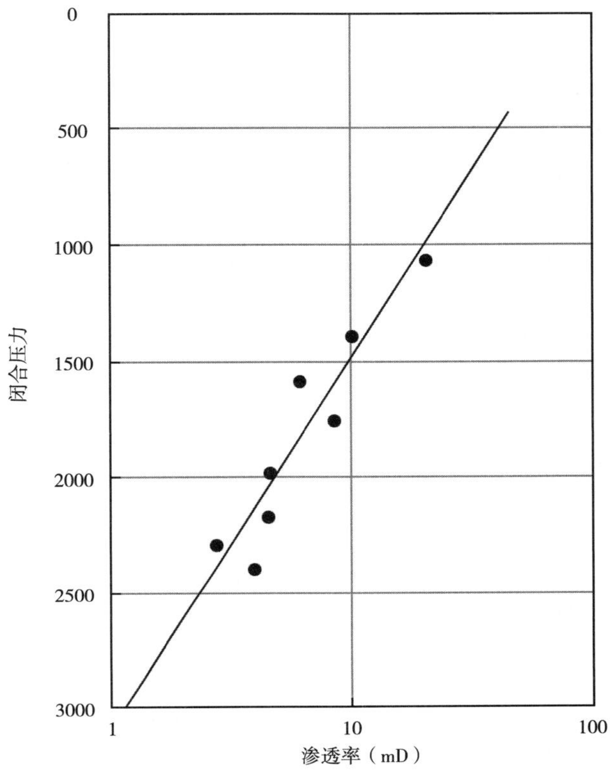

图 3.5 渗透率与闭合压力关系

表达式为：

$$\ln K = a + bp_c \tag{3.11}$$

式中 K——渗透率，mD；

a、b——煤层常数；

L——样品长度，cm；

p_c——闭合压力。

分析图 3.5 中的数据可得：$a=5.1$；$b=-0.001485$

3.4.3.1.2 利用压降曲线计算有效储层渗透率

井筒压力与试井时间关系式为：

$$p_s^2 = \frac{-mp_f^2 \ln t}{2} + c \tag{3.12}$$

该方程适用条件为储层无限大，层流，时间为无量纲。p_s 是井底压力，t 是时间。绘制出 p_s^2 和 $\ln t$ 的曲线，斜率为$-\frac{mp_f^2}{2}$。

斜率与渗透率的关系式为：

$$K=\frac{1424\mu ZTQ}{2h\times p_{s}^{2}\text{ 曲线的斜率}} \tag{3.13}$$

确定斜率的一个简单方法是在半对数坐标上绘制 p_s^2 相对 $\ln t$ 的曲线，然后在每个周期中以 psi^2 压力为绝对压力单位读取斜率，最后再除以 2.303。

在下面的例子中，井底压力与时间关系如图 3.6 所示。采用表 3.1 储层参数，渗透率计算为：

$$K=\frac{1424\times 0.011\times 0.95\times 525\times 275\times 2.303}{2\times 5\times 10000}=49.47\text{mD} \tag{3.14}$$

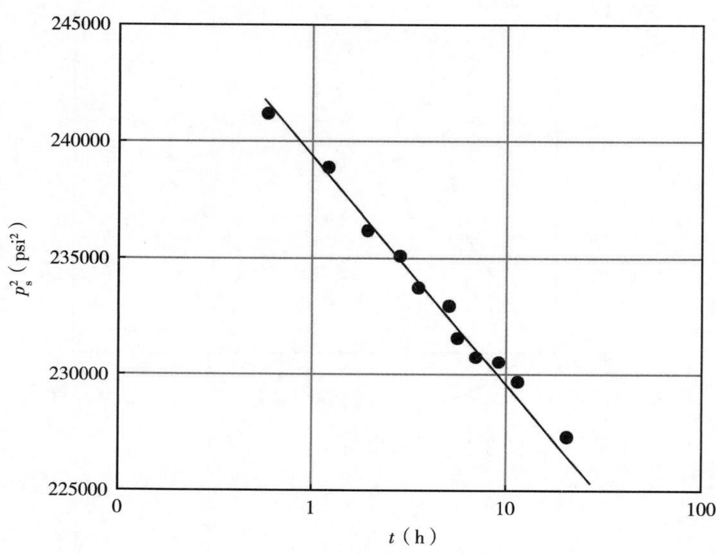

图 3.6 井底压力与 $\ln t$ 关系图

表 3.1 计算渗透率所需的储层数据

深度（ft）	2000
储层温度（℉）	65
气体密度	0.57
煤层厚度（ft）	5.00
储层内气体压缩系数	0.95
500psi 下气体黏度（mPa · s）	0.011
密闭储层压力（psi）	500
压降测试下流量（$10^3ft^3/d$）	250~300
平均流量（$10^3ft^3/d$）	275

3.4.3.1.3 通过已有参量曲线计算有效储层渗透率

井筒压力与试井时间关系式为：

$$\frac{p_s^2 - p_f^2}{p_f^2} = \frac{-m_1}{2}(\ln t_{d_1} - \ln t_{d_2})$$

$$p_s^2 = \frac{-m_1 p_f^2}{2}[\ln(t_f + \Delta t) - \ln\Delta t] + p_f^2 \tag{3.15}$$

式中 Δt——时长。

积分式（3.15），可以得到式（3.16）：

$$\frac{dp_s^2}{d(\Delta t)} = \frac{-m_1 p_f^2}{2}\left(\frac{1}{t_f + \Delta t} - \frac{1}{\Delta t}\right) \tag{3.16}$$

如果井已生产很长时间，t_f 值很大，$\frac{1}{t_f+\Delta t}$可忽略。

因此

$$\frac{dp_s^2(\Delta t)}{d(\Delta t)} = -\frac{m_1 p_f^2}{2}$$

或者

$$\frac{dp_s^2}{d(\ln\Delta t)} = -\frac{m p_f^2}{2} \tag{3.17}$$

该值是 p_s^2 与 $\ln\frac{t_f+\Delta t}{\Delta t}$的斜率。

图 3.7 是基于压力恢复的分析曲线，斜率为 9000psi²（压力为绝对压力）。

因此

$$K = \frac{1424 \times 0.011 \times 0.95 \times 525 \times 275 \times 2.303}{2 \times 5 \times 9000} = 54.9\text{mD} \tag{3.18}$$

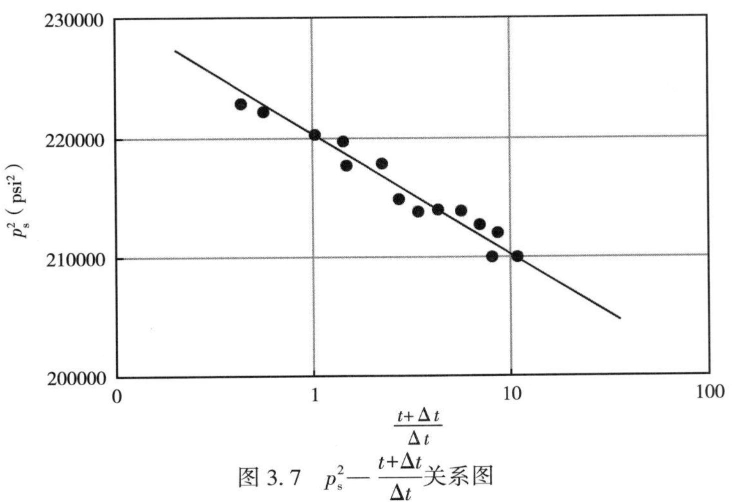

图 3.7 p_s^2—$\frac{t+\Delta t}{\Delta t}$关系图

表 3.2 列举了一些煤层气藏现场测试的渗透率值。

另一种现场测试方法为是在一定厚度煤层中钻一个 1000ft 长的水平井眼，并测试产气量，然后计算煤层有效渗透率和压裂裂缝有效长度。

表 3.2　美国煤矿的有效渗透率等相关生产数据表

盆地/煤层	深度(ft)	闭合压力(psi)	有效渗透率(mD)	单位产量[10^3ft^3/(d·100ft)]
Northern Appalachia Pittsburgh seam	500~100	…	10~50	15~25
Central Appalachia Pocahontas 3 seam	1500~2500	1300~2000	1~20	7~8
Southern Appalachia Mary Lee-Blue Creek①	1500~2500	1300~2500	10~25	5~7
Southern Appalachia Oak Grove field	1000		10~50	…
San Juan Basin	2000~3000		1.5~8.8	N/A
European coal fields①	>3000		<1	N/A

①改编自 Rogers[1] 的资料。

3.5　影响储层渗透率的因素

煤层深度、储层压力、地应力、克林肯伯格效应以及基质收缩都会影响有效渗透率。

3.5.1　煤层深度和地层应力

煤层深度与地层应力具有正相关性。二者都会降低煤层渗透率。深层煤层的含气量高，但是低渗透率导致难以实现商业开采。

图 3.8 是煤层深度与渗透率的关系曲线，数学表达式为：

$$K = K_o e^{-aD} \tag{3.19}$$

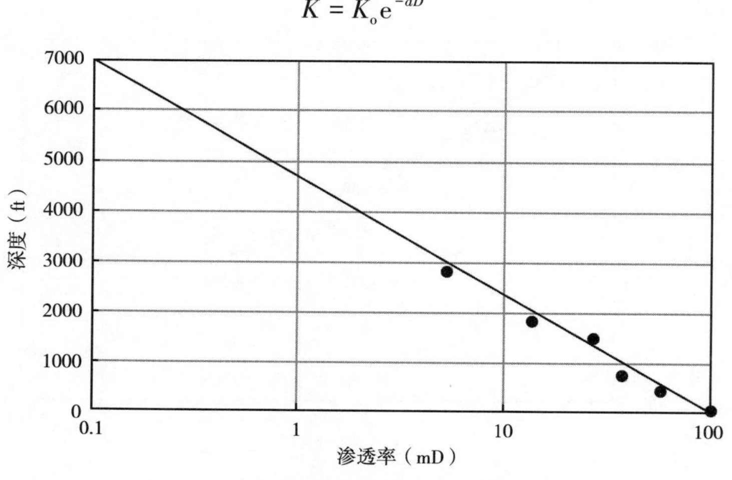

图 3.8　煤层渗透率—深度关系图

式中 K_o——100ft 处渗透率；

a——常数，取值 700~1000ft；

D——煤层深度，ft。

例如，2000ft 处煤层渗透率 $K=100e^{-\frac{2000}{700}}=5.7\text{mD}$。如果 a 为 1000ft，渗透率 $K=13.5\text{mD}$。

同样，水平应力随着深度增加，与渗透率关系式为 $K=K_o e^{-b\sigma}$[11]，σ 是主应力。

弗吉尼亚煤矿盆地 2000ft 处水平最大主应力 σ_H 为 3400psi，水平最小主应力 σ_h 为 1700psi，垂直应力为 1.1D/psi，D 的单位为 ft。$\sigma=\sigma_h-\sigma_o$。σ_o 是煤层中孔隙压力。

b 的值一般取 8×10^{-3}。

3.5.2 煤层温度

温度增加会使煤层渗透率变大，关系式为：

$$K=K_o(1+T)^n \tag{3.20}$$

式（3.20）中的所有参数均可通过实验方法测得[11]。

3.5.3 储层压降/煤基质收缩效应

研究证明，在一定压力下煤吸附气体后会膨胀，气体解吸后，又会收缩。利用该机理可以提高煤层渗透率和产气量。

Li[12]详细说明了原始渗透率与储层压力降低导致渗透率增加的关系。

$$K=\frac{K_o}{1+E_v}\left(1+\frac{E_v-E_p}{Q_o}\right)^3 \tag{3.21}$$

式中 K——煤层渗透率；

K_o——煤层初始渗透率；

E_v——应力变化下的体积应变量；

E_p——解吸/收缩下的体积应变量。

E_p 可以表示为：

$$E_p=\frac{aK_cRT}{V_o}\ln(1+bp) \tag{3.22}$$

式中 a，b，p——Langmuir 公式中的参数（具体可参见第 2 章）；

K_c——常数；

V_o——大气压下，单位 mol 气体的体积；

R——气体常数；

T——绝对温度。

3.5.4 克林肯伯格效应

岩石对各种气体的渗透率与储层压力倒数正相关。当储层压力下降，产气量会增加，称为克林肯伯格效应。

渗透率计算公式为：

$$K = K_o\left(1 + \frac{b}{p}\right) \tag{3.23}$$

式中 K——表观渗透率;

K_o——储层初始渗透率;

b——滑动因子;

p——储层平均压力。

与常规砂岩气藏相比,综合利用克林肯伯格效应和储层收缩效应,实现煤层气藏在低储层压力下的商业开采。

参考文献

[1] Rogers R, et al. Coal bed methane: principles and practices. Oktibbeha Publishing LLC, 2007: 504.

[2] Robertson E P, Christensen RL. A permeability model for coal and other fractured, sorptive-elastic media, U. S. Department of Energy, INL/CON-06-11830, 2006: 26.

[3] Tinni A F. Shale permeability measurement on plugs and crushed samples, Paper SPE 162235 presented at Unconventional Resources Conference, Calgary, Alberta, Canada; 2012. [4] Jones S. A technique for faster pulse-decay permeability measurements in tight rock. SPEFE 1997, 1925.

[5] American Petroleum Institute. Recommended practices for core analysis, 40, Washington, D. C. , 1998.

[6] Eagerman. A fast and direct method of permeability measurement on drill cuttings, SPE Paper 77563, 2005.

[7] Brace W W. Permeability of granite under high pressure. J Geophys Res 1968: 732225.

[8] Rushing J N. Klinkenberg—connected permeability measurements in tight gas sand: steady-state versus unsteady-state techniques. SPE Annual Technical Conference, Houston, Texas, SPE 89867, 2004.

[9] Zaminian M. New experimental approach to measure petrological properties of organic rich shales, PhD Thesis. Morgantown, WV: West Virginia University, 2015: 114.

[10] Katz D L, et al. Handbook of natural gas engineering. New York, NY: McGraw-Hill Book Company, 1958.

[11] Gui X, Meng X. Application of coal gas permeability factor and gas transportation. Chin J Min SafEng, 2008.

[12] Li X, et al. Coal Operators Conference In: Aziz N, editor. Analysis and research on the influencing factors of coal reservoir permeability. University of Wollongong, 2008: 197201.

第4章　煤层气扩散机理

煤层中气体的流动非常复杂，主要由两部分组成：(1) 气体扩散，遵循菲克定律；(2) 气体在裂缝中层流，遵循达西定律或基于压力的流动。产气量由最小的流量决定。甲烷以单层排列形式吸附在煤颗粒表面，气体扩散率受扩散系数和煤颗粒半径影响。由于扩散系数和颗粒半径难以获取，通过测试气体扩散63%所用时间 τ 可以间接计算得到扩散系数。列举计算该时间参数的两种方法，公式计算法和绘图法。该吸附时间参数对深层煤层气藏的采收率有很大影响。最后讨论了压力和温度对扩散率的影响，随着压力降低和温度升高扩散率增大。因此加热煤层可以提高产气量。

甲烷分子以单层排列形式吸附在煤颗粒的表面。当压力降低，气体会从煤表面解吸成为游离状态，流动状态变化分为：

气体扩散遵循菲克定律，扩散量与浓度梯度成正比；

在煤层裂隙中为层流，遵循达西定律，扩散量与压力梯度成正比，受渗透率控制；

在水平井筒和垂直井筒中为湍流。由压力梯度和钻孔/管道特性控制。

气体的净流量由两个因素控制：扩散率和渗透率。为防止气体流动受到阻碍，水平井眼和套管尺寸应尽量大。图4.1示意了上述气体流动过程和顺序[1]。浅层煤层中，如果煤层渗透率高，扩散率低，扩散率决定了气体流量。深层高阶煤层，扩散率通常比渗透率高1~2数量级，渗透率决定了气体流量。

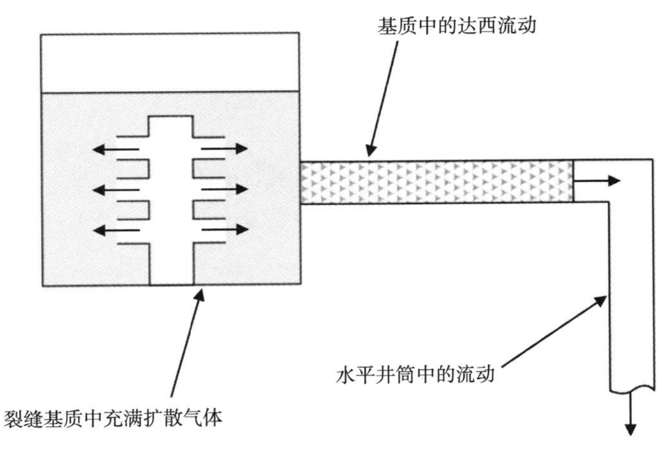

图4.1　煤层中甲烷流动模型

渗透率和扩散率的相互作用可以用于优化直井及水平井间距，实现降低成本和增加产量目的。

4.1 扩散过程

当甲烷气体与空气接触，会导致二者相互扩散，最终形成均匀的混合气体。因此，许多增产技术利用注入气体提高煤层气产量，例如注入 CO_2 或 He。同样，当气体通过含有液体的多孔介质时，气相和液相之间的平衡速率依赖于扩散过程。

图 4.2 示意了一个简单的扩散过程。容器 A 含有浓度为 100%的 CO_2，容器 B 含有 99%的甲烷和 1%的二氧化碳。两个容器连通后，CO_2 会进入容器 B，甲烷也会进入容器 A。

假设容器体积相对于扩散率足够大，扩散过程的数学表达式为：

$$\frac{\mathrm{d}c}{\mathrm{d}t}=-DA\frac{\mathrm{d}c}{\mathrm{d}x} \tag{4.1}$$

式中 c——扩散分子数量；

t——时间；

D——扩散系数；

A——面积；

$\frac{\mathrm{d}c}{\mathrm{d}t}$——浓度梯度。

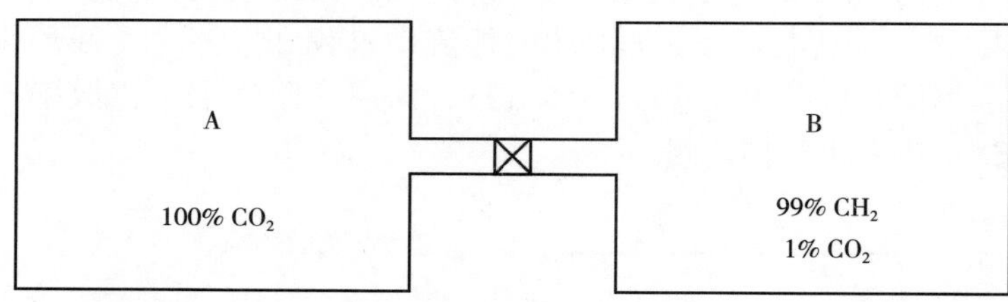

图 4.2 气体扩散过程

以图 4.2 模型为例计算浓度变化率，假设二氧化碳在甲烷中的扩散系数为 0.147cm/s^2，两个容器连通管线横截面尺寸为 1cm×1cm，长度为 1cm。

$$\frac{\mathrm{d}c}{\mathrm{d}t}=-\left(0.147\ \frac{\mathrm{cm}^2}{\mathrm{s}}\right)\left(\frac{1\times1}{1}\ \frac{\mathrm{cm}^2}{\mathrm{cm}}\right)\left(\frac{0.99}{22414}\times\frac{273}{273}\right)\frac{\mathrm{g\cdot mol}}{\mathrm{cm}^3}=6.5\times10^{-6}\mathrm{g\cdot mol/s}$$

图 4.3 展示了甲烷以单层排列形式吸附在煤颗粒表面。假设产生径向流动，扩散系数为常量的湍流扩散方程为：

$$\frac{\mathrm{d}c}{\mathrm{d}t}=D\left(\frac{\mathrm{d}^2c}{\mathrm{d}r^2}+\frac{2}{r}\frac{\mathrm{d}c}{\mathrm{d}r}\right) \tag{4.2}$$

式中 c——气体浓度；

a——煤颗粒半径；

t——扩散时间；

D——扩散系数。

初始条件和边界条件：

$$c_r = 0,\ r = 0,\ t > 0 \tag{4.3}$$

$$c_r = ac_0,\ r = a,\ t > 0 \tag{4.4}$$

$$c_r = rf(r),\ t = 0,\ 0 < r < a \tag{4.5}$$

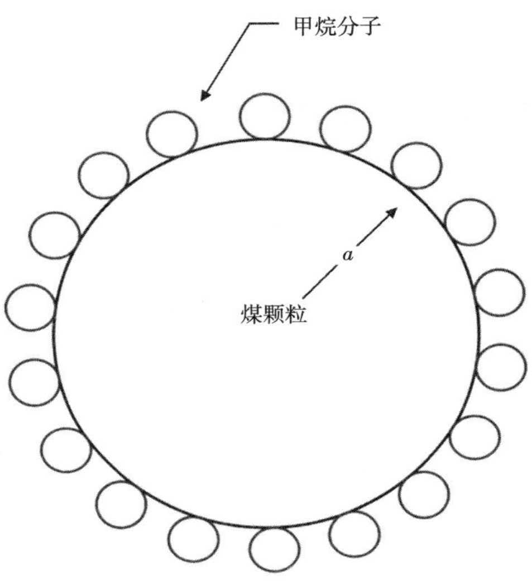

图 4.3　甲烷在煤颗粒上的单层吸附

Crank[2]给出了解吸气体总量：

$$\frac{M_t}{M_\infty} = 1 - \frac{6}{\pi^2}\sum_{n=1}^{\infty}\frac{1}{n^2}\exp\left(-\frac{Dn^2\pi^2 t}{a^2}\right) \tag{4.6}$$

式中　M_t——时间 t 内解吸的气体总量；

M_∞——兰格缪尔体积。

如果时间很短，相应求解方程为：

$$\frac{M_t}{M_\infty} = 6 \times \left(\frac{Dt}{a^2}\right)^{\frac{1}{2}}\left(\pi^{-\frac{1}{2}} + 2\sum_{n=1}^{\infty}\operatorname{ierfc}\frac{na}{\sqrt{Dt}}\right) - \frac{3Dt}{a^2} \tag{4.7}$$

由于 $2\sum_{i=0}^{\infty}\operatorname{ierfc}\frac{na}{\sqrt{Dt}}$ 很小，可以消掉：

$$\frac{M_t}{M_\infty} = 6 \times \left(\frac{Dt}{a^2\pi}\right)^{\frac{1}{2}} - \frac{3Dt}{a^2} \tag{4.8}$$

或

$$\frac{M_t}{M_\infty} = \frac{6}{a}\sqrt{\frac{Dt}{\pi}} - \frac{3Dt}{a^2} \tag{4.9}$$

由于 D 大约为 10^{-10}，可以去掉$\frac{3Dt}{a^2}$项。

当 $D \approx 10^{-10}$时$\sqrt{D} \geqslant D$

公式（4.9）可以改写为：

$$\frac{M_t}{M_\infty} = \frac{6}{\sqrt{\pi}}\left(\frac{D}{a^2}\right)^{\frac{1}{2}} t^{\frac{1}{2}} \tag{4.10}$$

颗粒直径与煤阶、埋深和脆性有关，扩散率可表示为$\left(\frac{D}{a^2}\right)$，单位为 s^{-1}。

如果绘制$\frac{M_t}{M_\infty}$与 $t^{0.5}$的关系图，直线斜率等于$\frac{6}{\sqrt{\pi}}\left(\frac{D}{a^2}\right)^{\frac{1}{2}}$，能够计算出$\left(\frac{D}{a^2}\right)$的值。

一块煤解吸$\left(1-\frac{1}{e}\right)$%或者 63%的气体所需时间称为吸附时间。

公式（4.10）改写为：

$$\frac{M_t}{M_\infty} = \left(1 - \frac{1}{e}\right) = \frac{6}{\sqrt{\pi}}\left(\frac{D}{a^2}\right)^{\frac{1}{2}} \tau^{\frac{1}{2}} \tag{4.11}$$

整理后：

$$\tau = \frac{\pi\left(1 - \frac{1}{e}\right)^2}{36} \bigg/ \left(\frac{D}{a^2}\right) \tag{4.12}$$

或

$$\tau = \frac{3.49 \times 10^{-2}}{(D/a^2)}$$

通常，D/a^2 的数量级为 $1\times10^{-8}s^{-1}$。因此，吸附时间为 40.4d。

表 4.1 列举了美国煤层的吸附时间和$\left(\frac{D}{a^2}\right)$。表 4.2 列举了气体间扩散系数。

表 4.1　一些美国煤层的吸附时间和扩散系数

煤层	吸附时间（d）	$\left(\frac{D}{a^2}\right)$ （s^{-1}）
Pittsburgh	100~900	4.4×10^{-10}~4.00×10^{-9}
Pocahontas 3 号煤	1~3	4.00×10^{-7}~1.34×10^{-7}
Mary Lee/Bluecreek（阿拉巴马）	3~5	1.34×10^{-7}~8×10^{-8}
San Juan Basin Coal	1	$<4.0\times10^{-7}$

表 4.2 气体在大气压下的扩散系数

体系	温度（℃）	扩散系数（cm^2/s）
空气中甲烷	0	0.196
空气中二氧化碳	25	0.164
甲烷中二氧化碳	0	0.147
空气中氢气	25	0.410
甲烷中的氢气	0	0.630
纯甲烷	19	0.214

来源：摘自 Katz D L，Handbook of natural gas engineering，麦格劳—希尔图书公司，1958，100 页[3]。

4.2 煤中气体解吸或扩散的经验公式

Airey[4]给出了一个气体扩散经验公式：

$$\frac{M_t}{M_\infty} = 1 - \exp\left(-\frac{t}{\tau}\right)^n \tag{4.13}$$

式中 τ——63%气体解吸的吸附时间。

无烟煤 $n=1/2$

烟煤 $n=1/3$

公式（4.13）展开后为：

$$\frac{M_t}{M_\infty} = \left(\frac{t}{\tau}\right)^n + \frac{1}{2}\left(\frac{t}{\tau}\right)^{n2} + \cdots$$

舍弃$\left(\frac{t}{\tau}\right)^{n2}$和高次项：

$$\frac{M_t}{M_\infty} = \left(\frac{t}{\tau}\right)^n = K \cdot t^n \tag{4.14a}$$

其中

$$K = \left(\frac{1}{\tau}\right)^n \tag{4.14b}$$

绘制$\frac{M_t}{M_\infty}$关于$t^{1/2}$或者$t^{1/3}$关系图，可以得到K。由K和τ，计算出吸附时间。

4.3 吸附时间 τ 的经验公式

King 和 Ertekin[5]给出了 τ 的经验计算公式：

$$\tau = \frac{1}{8\pi}\left(\frac{1}{D/S^2}\right) \simeq \frac{4.0 \times 10^{-2}}{D/S^2} \tag{4.15}$$

式中 S——面割理间距。

颗粒直径 a 为:

$$a = \left(\frac{8\pi}{S^2}\right) \tag{4.16}$$

将公式(4.15)中 S^2 替换得,$\tau = 1.39\times10^{-3}/Da$。

4.4 影响扩散系数的因素

以下因素会影响扩散系数:

气体种类和多孔介质接触面;

储层压力;

储层温度;

两种气体间接触面。

4.4.1 多孔介质

受固体基质影响,气体在多孔介质中的扩散系数远低于空气中。研究表明,CO_2 在多孔金属中扩散系数降低约 4 倍[6],即:

$$\frac{\text{空气中的扩散系数}}{\text{多孔介质中的扩散系数}} = 3.94$$

4.4.2 压力

由于扩散系数与储层压力成反比,随着储层压力下降导致扩散率和渗透率增加,使得产气量趋于增加。因此,煤层气井生产周期很长[7]。

在恒温条件下气体密度与储层压力成正比,但有时会观察到在很大的压力变化范围内,扩散率和气体密度保持不变。

4.4.3 温度

温度升高通常会增加扩散率,提高产气量。

Gilliland[8]表明弹性球形分子中 D 与 $T^{3/2}$ 成比例,其中 T 为绝对温度。气体在煤层中的温度通常为 333K,如果提高到 573K,气体产量会提高两倍多。

$$\left(\frac{573}{333}\right)^{1.5} = 2.21$$

对于深层储层,可以提高储层温度大幅增加产气量。

4.4.4 混合气体

为了提高煤层气产量,将二氧化碳、氮气或者二者混合气体注入煤层中,混气体的净扩散系数由式(4.17)给出[9]:

$$D_{\mathrm{eff_A}} = \frac{1 - Y_A}{Y_B/D_{AB} + Y_C/D_{AC} + Y_D/D_{AD} + \cdots} \tag{4.17}$$

式中 D_{eff_A}——混合物中 A 的有效平均扩散系数；

D_{AB}——在系统 AB 中 A 的扩散系数；

D_{AC}——在系统 AC 中 A 的扩散系数；

Y——不同物质摩尔分数；

A，B，C，D——代表不同气体。

参考文献

[1] Thakur P C. Methane flow in the Pittsburgh coal seam, USA. In: Howes MS, Jones MJ, editors. The 3rd International Mine Ventilation Congress. Harrogate, England, 1984: 177-182.

[2] Crank J. The mathematics of diffusion. Oxford, UK: Clarendon Press, 1975: 91.

[3] Katz D L. Handbook of natural gas engineering. New York, NY: McGraw-Hill Book Company, 1958: 100.

[4] Airey E M. Gas emission from broken coal: an experimental and theoretical investigation. Int J Rock Mech Min Sci, 1968, 5: 475.

[5] King G R, Ertekin T M. A survey of Mathematical models related to MethaneProduction from Coal Seams, Part 1:Empirical and Equilibrium Sorption Models: Proceedings of CBM Symposium, Alabama, United States, 1989: 37-55.

[6] O' Hern H A, Martin J J. Diffusion of carbon dioxide at elevated pressures. Ind EngChem, 1955, 47: 2081.

[7] Chou C H, Martin J J. Diffusion of $C^{14}O_2$ into a mixture of $C^{14}O_2$—H_2 and $C^{12}O_2$—C_3H_8 · Ind Eng Chem, 1957, 49: 758.

[8] Gilliland E R. Diffusion coefficients in gaseous systems. Ind Eng Chem, 1934, 26: 681.

[9] Wilke C R. Diffusional properties of multi-component gases. Chem Eng Prog, 1950, 46: 95-104.

第5章 孔隙压力与应力场

储层岩石承受四种力，孔隙压力、垂直应力、水平最大主应力和水平最小主应力。应力值对生产工艺的选择及效果影响很大。世界上大部分煤层的孔隙压力约为静水压力的70%。部分煤层的孔隙压力是静水压力的1~1.2倍，产气量很高。垂直应力通常是深度的1.1倍。水平应力值可以查阅世界应力地图和应力数据库。10000ft以内地层的水平应力由板块构造产生。分析了世界上主要煤田的地层应力对生产工艺的影响，包括美国西部和东部、西欧、东欧、印度、澳大利亚和南非。讨论了利用声波测井计算煤层弹性模量和泊松比。最后，推导出了体积模量、剪切模量和弹性模量计算公式。

煤层中的孔隙压力，也称为储层压力，能够使气体在煤层中处于吸附状态，由 σ_o 表示。并且，煤层还要承受三向地应力：(1) 垂直应力，σ_v；(2) 水平最大主应力，σ_H；(3) 水平最小主应力，σ_h。

储层应力场和孔隙压力对油气生产工艺影响很大。水平井和直井水力压裂是煤层气开采的两种主要技术。如果 σ_o 很高，例如大于500psi，则无法在煤中钻水平井，因为煤层的膨胀或塌陷会卡住钻杆。孔隙压力需要低于200psi。

为实现水平井钻井，可以先采用直井和水力压裂技术降低煤层孔隙压力。例如，美国弗吉尼亚州的Pocahontas 3号煤层，深度为2000ft，孔隙压力为6003号。只有利用直井水力压裂方法将孔隙压力降低到大约200psi才可以钻水平井。

直井水力压裂也受应力场影响。为使水力压裂增产有效，需要在煤层中产生垂直裂缝，覆盖整个煤层。当地层应力状态为 $\sigma_H>\sigma_v>\sigma_h$ 时，能够产生垂直裂缝，因为裂缝壁面总是与最小主应力垂直并且与最大主应力方向平行。对于浅层煤层，应力状态通常为 $\sigma_H>\sigma_h>\sigma_v$，易于产生水平裂缝，导致增产效果差。当深度超过2000ft，应力状态通常为 $\sigma_H>\sigma_v>\sigma_h$，产生垂直裂缝。

5.1 孔隙压力

孔隙压力主要与煤层埋藏深度和煤阶有关。煤层越深，煤阶越高，孔隙压力越高。当然，也有例外情况。

图5.1为美国、加拿大、澳大利亚和南非煤层不同深度的孔隙压力[1]。

图5.1中孔隙压力与深度存在一定的线性关系，斜率为0.33psi/ft。大量数据表明，德国煤层的储层压力与煤阶存在极大的正相关性。无烟煤层中最大孔隙压力可以达到700psi，而汽煤中的最大孔隙压力仅为250psi[2]。一些高产气量煤层的孔隙压力梯度高于静水压力梯度0.454psi/ft，例如美国胡安盆地的Fairway地区煤层压力梯度高，厚度40~60ft，直井产量可以达到（2~10）$\times10^6$ft^3/d。同样，有一些储层压力低，产气量很低。

最简单可靠的测量孔隙压力方法是井下压力计。操作步骤：(1) 直井井眼延伸到煤层下方100~200ft；(2) 在煤层上方下入4.5in套管并进行固井；(3) 利用水力喷砂射孔技术进行射孔作业，喷射压力约为3000psi；(4) 将压力计下到煤层下方，封隔器坐封在煤层上方的套管中，关井 72~96h；（5）绘制压力与时间曲线图，曲线与 y 轴交点是煤层的孔隙压力。

根据深度不同，世界上大多数煤层压力为 100~800psi。

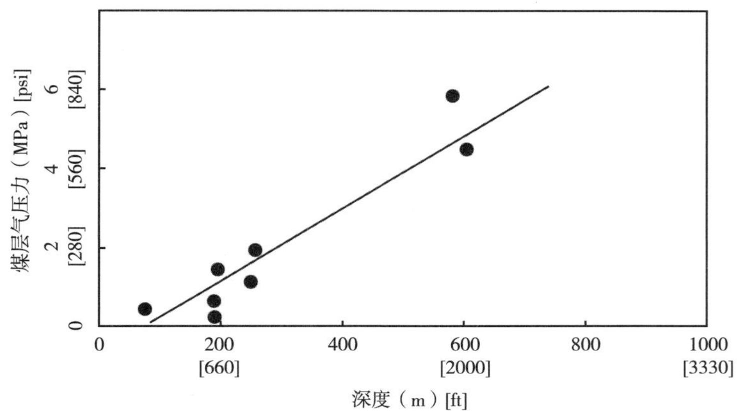

图 5.1　煤层孔隙压力与深度关系

5.2　垂直应力 σ_v

煤层承受的垂直应力一般采用式（5.1）进行计算。

$$\sigma_v = 1.1D \tag{5.1}$$

式中　D——储层深度，ft。

5.3　水平两向主应力

20 世纪 70 年代研究表明，地层水平应力由地质构造运动产生。大陆板块之间的各种运动会在地壳中产生构造应力，应力值差别很大，例如，深层煤层和浅层煤层应力差别非常明显[4]。在美国，通常利用双轴变形仪在煤矿井中测量水平应力[5]。对煤岩岩样进行岩石力学实验测试也可以获得水平应力，国际上常用方法为三轴力学实验[6]。

5.3.1　水平应力的计算

文献［4］收集了世界范围内 565 组地层应力数据，包括 373 组煤层应力和 192 组其他地层应力[4]。煤层深度为 500~3000ft，弹性模量为（2~6）×10^6psi。其他地层深度为 500~8000ft，弹性模量为（2~6）×10^6psi。初步研究结论是：

（1）水平应力可以是垂直应力的三倍或更多；

（2）在逆断层区域 $\sigma_H = 2.3\sigma_v$；

（3）在滑移断层区域 $\sigma_H = 1.6\sigma_v$；

（4）在正断层区域 $\sigma_H < \sigma_v$ 并且 $\sigma_H = 0.6\sigma_v$。

依据深度和储层弹性模量，求解得到 σ_H 和 σ_h 的回归方程。

$$\sigma_H(\sigma_h) = B_0 + B_1 \cdot D + B_2 \cdot E \tag{5.2}$$

式中 B_0——附加应力，psi；

B_1——应力梯度，psi/ft；

B_2——系数；

D——深度，ft；

E——弹性模量，psi。

表 5.1 列举了不同地区煤层的 B_0、B_1、B_2 值。

例如：美国东部地区煤层的 σ_H 和 σ_v，深度为 2000ft，弹性模量为 2×10^6psi。

利用公式（5.2）和表 5.1 中对应的 B_0、B_1、B_2 值。

$$\sigma_H = 369 + 1.34 \times 2000 + 0.30 \times 10^{-3} \times 2 \times 10^6 = 3649\text{psi}$$
$$\sigma_h = 369 + 0.42 \times 2000 + 0.15 \times 10^{-3} \times 2 \times 10^6 = 1509\text{psi}$$

σ_v 在这个深度是 $1.1\times2000=2200$psi。因为 $\sigma_H>\sigma_v>\sigma_h$，水力压裂产生覆盖整个煤层的垂直裂缝。

表 5.1 公式（5.2）的回归系数

煤层		σ_H（psi）			σ_h（psi）	
	B_0（psi）	B_1（psi/ft）	B_2（10^{-3}）	B_0（psi）	B_1（psi/ft）	B_2（10^{-3}）
美国东部	369	1.34	0.30	369	**0.42**[a]	0.15
美国西部	369	0.66	0.62	369	0.56	0.15
英国和德国	−249	0.55	0.51	−249	0.42	0.15
印度	376	1.29	−0.04	376	0.42	0.15
澳大利亚新南威尔士州	−633	1.78	0.56	—	—	—
澳大利亚昆士兰州	−210	1.40	0.34	—	—	—
南非	866	**−0.03**[b]	−0.01	866	0.42	0.15

5.3.2 最大主应力方向

文献［4］总结了世界各地水平最大主应力方向。美国西部盆地的水平最大主应力方向为北西向，美国中部为北偏东向，美国东部为北东向。在西欧，通常为北西向。在澳大利亚，方向变化很大，东部煤田为北东向。

通常情况下，煤层的面割理方向与水平最大主应力方向平行。钻水平井时，最好使水平井眼方向与水平最大主应力方向垂直，可以获得最大产量。如果进行水力压裂改造，能够产生与水平井筒垂直的裂缝，提高增产效果。

5.4 应力场对生产工艺的影响

5.4.1 美国西部煤田

煤层深度大约为 3000ft，直井开采效果最好。超过 3000ft，煤层渗透率急剧下降，需要采用水平井开采。

案例 1：煤层深度 3000ft，实施直井水力压裂增产，煤层弹性模量为 3×10^6psi。

依据公式（5.2）和表 5.1，计算得水平最大主应力为 4209psi，$\sigma_h=2499$psi。

由公式（5.1）计算 $\sigma_v=3300$psi。

$\sigma_H>\sigma_v>\sigma_h$，水力压裂产生垂直裂缝，裂缝的方向约为北西向。

案例 2：对深度为 6000ft 煤层，采用水平井开采。

使用相同的数据，应力场如下：

$$\sigma_H=6189\text{psi},\ \sigma_h=4179\text{psi},\ \sigma_v=6600\text{psi}$$

由于 σ_H 与 σ_v 相差不大，在水平段进行水力压裂改造易于产生水平裂缝，为防止裂缝之间相互干扰，需要增加裂缝间距。

5.4.2 美国东部煤田

5.4.2.1 阿巴拉契亚盆地北部

案例 1：浅层煤层

现场裂缝监测表明，煤层埋深小于 1200ft，水力压裂产生水平状裂缝。依据表 5.1 数据计算可知，该深度下煤层应力状态为 $\sigma_H>\sigma_h>\sigma_v$。该盆地中 8 口直井开展水力压裂先导试验，煤层深度为 1000ft，压裂后均没有测得气量，水平状裂缝是导致增产效果差的主要原因。该区域浅层煤层渗透率很高，水平井是最好的开采方法。

案例 2：深层煤层

假设深度为 1500ft，弹性模量为 3×10^6psi，孔隙压力通常为 300psi。依据表 5.1，计算得到 $\sigma_H=4179$psi，$\sigma_h=1449$psi，$\sigma_v=1650$psi，在这个应力状态下，水力压裂会形成垂直裂缝。因此，深度超过 1500ft 煤层，采用直井和水力压裂方法能够显著增加产气量。

5.4.2.2 阿巴拉契亚盆地中部和南部

该盆地中能够生产煤层气的储层深度在 2000~2700ft 之间，煤阶高，脆性大。假设深度为 2500ft，弹性模量为 2×10^6psi，孔隙压力通常为 500~650psi。依据表 5.1，计算得到 $\sigma_H=4319$psi，$\sigma_h=1719$psi，$\sigma_v=2750$psi，由于 $\sigma_H>\sigma_v>\sigma_h$，水力压裂产生垂直裂缝。

已对上千口高产气量直井进行挖掘，发现水力压裂产生了覆盖煤层的垂直裂缝，证明了垂直裂缝与产量关系。

5.4.3 西欧煤盆地

该盆地大部分煤层埋藏深度在 3000~4000ft 之间。假设深度为 3000ft，弹性模量为 3×10^6psi，孔隙压力通常为 400~500psi。依据表 5.1，计算得到 $\sigma_H=2931$psi，$\sigma_h=1461$psi，$\sigma_v=3300$psi。虽然 $\sigma_v>\sigma_H>\sigma_h$，但是 σ_H 与 σ_v 相差很小，水力压裂产生水平裂缝概率很大，因此该盆地煤层气产量很低。在德国煤矿中对压裂井挖掘证明裂缝延伸方向为 NNW 或者 N23°W[7]。

在英国威尔士的斯旺西地区，深度为 2000ft 的煤层的含气量很高。通过计算，$\sigma_H=2381$ psi，$\sigma_h=1041$psi，$\sigma_v=2200$psi，由于 $\sigma_H>\sigma_v>\sigma_h$，水力压裂产生垂直裂缝。

5.4.4 印度煤田

多个煤层的埋深在 2000ft，可以开展水力压裂增产。假设深度为 2000ft，弹性模量为 2×10^6psi。计算得到 $\sigma_H=2876$psi，$\sigma_h=1516$psi，$\sigma_v=2200$psi。由于 $\sigma_H>\sigma_v>\sigma_h$，水力压裂产生垂直裂缝。该盆地中水平最大主应力梯度为 1.29psi/ft，对不同深度储层压裂，产生垂直裂缝的可能性很大。

5.4.5 澳大利亚煤田

5.4.5.1 悉尼盆地

煤层埋深为2000ft。假设深度为2000ft，弹性模量为3×10^{6}psi，孔隙压力为500～650psi。依据表5.1，计算得到$\sigma_{H}=4607$psi，$\sigma_{h}=1073$psi，$\sigma_{v}=2200$psi。由于$\sigma_{H}>\sigma_{v}>\sigma_{h}$，水力压裂产生垂直裂缝。

5.4.5.2 Bowen 盆地

煤层埋深为1000ft。假设深度为1000ft，弹性模量为2×10^{6}psi。依据表5.1，计算得到$\sigma_{H}=1530$ psi，$\sigma_{h}=660$psi，$\sigma_{v}=1100$psi。尽管煤层很浅，但是应力状态为$\sigma_{H}>\sigma_{v}>\sigma_{h}$，水力压裂产生垂直裂缝。

5.4.6 南非煤层气田

大多数煤层气开采层位埋深很浅，约为1000ft，含气量适中。假设深度为1000ft，弹性模量为2×10^{6}psi。由于无法依据表5.1数据，通过与其他煤田对比，假设σ_{H}对应的计算系数为$B_0=866$psi，$B_1=1.3$psi/ft，$B_2=0.34$。σ_{h}对应的计算系数为$B_0=866$psi，$B_1=0.42$psi/ft，$B_2=0.15$。计算得到$\sigma_{H}=2846$psi，$\sigma_{h}=1586$psi，$\sigma_{v}=1100$psi。应力状态为$\sigma_{H}>\sigma_{h}>\sigma_{v}$，水力压裂易于产生水平裂缝。当深度超过1715ft，σ_{v}将大于σ_{h}，水力压裂会产生垂直裂缝。

5.5 测井法计算煤层弹性模量

由公式（5.2）可知，计算水平应力值需要煤层深度和弹性模量。对于浅层煤层，通过获取煤心，然后开展围压下的岩石力学实验能够得到煤层弹性模量。由于深部煤层取心成本很高，通过伽马、密度和声波测井数据准确计算出弹性模量[8]。

声波测井用的机械波是超声波。井下岩石看作完全线弹性体，在振动作用下，产生压缩形变和剪切形变，因而，可以传播纵波和横波。当波的传播方向与质点振动方向一致时称为纵波。纵波传播过程中，介质发生压缩和扩张的体积形变，也称为压缩波。当波的传播方向和质点振动方向相互垂直时称为横波。横波传播过程中，介质发生剪切形变，也称为剪切波。所有声波速度都是煤/岩石密度和岩石弹性的函数，因此，利用声波信号可以判断煤层及其他储层地质性质。

地层微电阻率扫描成像技术能够分辨薄煤层，识别裂缝、割理类型、断层和地层应力。此外，偶极声波测井可以获得地层力学属性用于水力压裂优化设计。与周围页岩或砂岩相比，煤层的泊松比高且杨氏模量低，使得水平主应力增加，导致更高的压力梯度。声波扫描技术可以确定杨氏模量、泊松比、闭合应力梯度、以及水平最大主应力和水平最小主应力值及方向[8]。

煤的杨式模量、体积模量、剪切模量和泊松比在数学上是相关的，见表5.2。表5.3列举了3种煤阶的物理属性。

表 5.2 煤的弹性关系

弹性常数	基本方程式	关系
杨氏模量	$E = \dfrac{9KV_s^2}{3K + \rho V_s^2}$	$E = 2G(1 - \nu) = 3K(1 - 2\nu)$
体积模量	$K = \rho V_p^2 - \dfrac{4}{3V_s^2}$	$\dfrac{E}{3(1 - 2\nu)}$
剪切模量	$G = \rho V_s^2$	$\dfrac{E}{2 + 2\nu}$
泊松比	$\nu = \dfrac{1}{2}\dfrac{\left(\dfrac{V_p^2}{V_s^2}\right) - 2}{\left(\dfrac{V_p^2}{V_s^2}\right) - 1}$	$\dfrac{3K - E}{6K}$

注：ρ=煤的密度；V_p=压缩波速度，μs/ft；V_s=剪切波速度，μs/ft；ν=煤的泊松比。

表 5.3 不同煤阶的物理属性

煤阶	密度（g/cm³）	声波速度（μs/ft）	孔隙度（%）
无烟煤	1.47	105	37
烟煤	1.24~1.34	120	60
褐煤	1.2	160	52

应用举例：

假设烟煤的密度为 81.1 lb/ft³，纵波时差为 120μs/ft。计算泊松比和三个弹性模量。给定横波时差 $V_s=0.5V_p=60\mu s$。

（1）计算剪切模量。

$$G=81.1\times(120)^2=1.168\times10^6\text{psi}$$

（2）计算泊松比。

$$\nu=\frac{1}{2}\times\frac{4-2}{4-1}=\frac{1}{3}\approx0.33$$

（3）计算弹性模量。

$$E = 2G(1 - \nu) = 1.565 \times 10^6\text{psi}$$

（4）体积模量。

$$K=\frac{1.565\times10^6}{3\times(1-0.66)}= 1.534\times10^6\text{psi}$$

参考文献

[1] Thakur P C. How to plan for methane control in underground coal mines. Min Eng, 1977: 41-45.

[2] Muche G. Methane desorption within the area of influence of workings, 1st International Mine Ventilation Congress, Johannesburg, S. Africa, 1975.

[3] Mc Garr. On the state of lithospheric stress in the absence of applied techtonicforces. JGeophys Res, 1988, 93

(B 11): 13609-13617.

[4] Christopher M, Gadde M. Global trends in coal mine horizontal stress measurements. Proceedings of the 27th International Conference on Ground Control in Mining, Morgantown, West Virginia, United States, 2008: 319-331.

[5] Bickel D L. Rock stress determination from over coring an overview. USBM Bull, 1993, 694: 146.

[6] Mills K. In situ stress measurements using the ANZI stress cell, Proceedings of International Symposium on Rock Stress, Kumamoto, Japan, 1997: 149-154.

[7] Mueller W. The stress state in Ruhr Basin, Proceedings of ISRM 7th International Conference on Rock Mechanics, Auchen, Germany, 1991.

[8] Sulton T. Wireline logs for coal bed evaluation. In: Thakur PC, et al., editors. Coal bed methane: from prospect to pipeline. Elsevier Inc, 2014: 93-100.

第6章　煤层气藏中流体流动

煤层经过水力压裂改造后，气体生产经过三个阶段：（1）与时间有关的非稳态流动；（2）稳态流动；（3）产量衰减。预测每个阶段中产气量和产水量对于实现商业开采十分重要。首先，对非稳态流动进行数学建模，预测储层在恒定生产压力下的孔隙压力衰减规律。然后，分析了恒定生产速度情况下的孔隙压力衰减规律。采用压降试井和压力恢复试井可以计算煤层渗透率。理论计算了稳态流动下产气量和产水量。研究表明，对单个煤层和多个煤层实施水力压裂改造能够增加产量。最后，提出了六种产量衰减模型：（1）指数衰减；（2）调和衰减；（3）双曲线衰减；（4）幂律指数衰减；（5）拉伸指数衰减；（6）幂函数式衰减。

几乎所有的煤层都含有气体和水。气体主要是甲烷和二氧化碳。水中会含有一些可溶性杂质，例如氯化钠。当水平井或直井与煤层连通后，水会优先从煤层中流出，并抑制气体的流动。随着产水量降低，气量逐渐增加。当产气量保持一段时间后开始下降。图6.1表明了煤层气直井中气体流动的三个阶段：（1）非稳态流动；（2）稳态流动；（3）产量衰减。

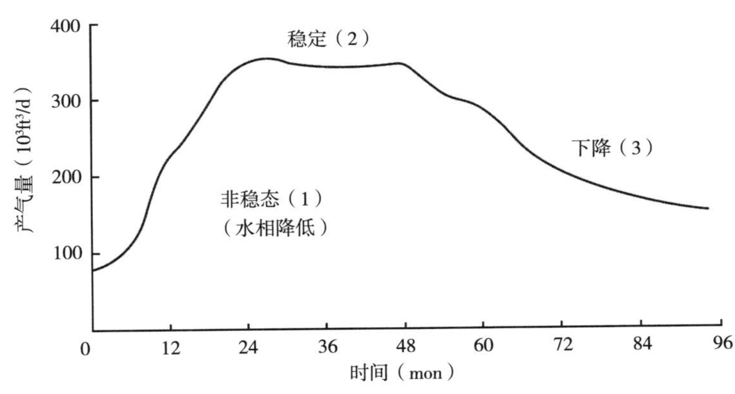

图6.1　煤层中垂直井的气流与时间的关系

煤层中流体流动机理非常复杂，其中包括：

（1）液体或气体；

（2）层流或湍流；

（3）线性或径向流动；

（4）稳态或非稳态流动；

（5）有限或无限的油藏。

6.1　非稳态流

在非稳态流动中，通常流体的流动不遵守质量守恒定律。需要增加新的变量，例如时间和孔隙度，流体的流动由下列方程导出的偏微分方程决定：

(1) 物质平衡方程；

(2) 连续性方程；

(3) 边界条件和初始条件。

Katz 给出了非稳态流在径向坐标中常用的偏微分方程：

$$\frac{\partial^2 p^2}{\partial r^2} + \frac{1}{r}\frac{\partial p^2}{\partial r} = \frac{\mu\phi}{K\bar{p}}\frac{\partial p^2}{\partial t} \tag{6.1}$$

由于液体黏度 μ，渗透率 K 和孔隙度 ϕ 是常数，通过设定储层边界条件和初始条件，可以求解方程（6.1）。

6.1.1 恒定生产压力下气体流动方程

当气体在恒定生产压力下开采，并假设气体流动为一维层流，公式（6.1）简化为：

$$\frac{d^2p^2}{dx^2} = \frac{\mu\phi}{K\bar{p}}\frac{dp^2}{dt} \tag{6.2}$$

在 $x=0$ 时，$p=p_w$，气井以恒定压力 p_w 生产。

方程（6.2）的解为：

$$\frac{p^2(x,\ t) - p_w^2}{p_e^2 - p_w^2} = \text{erfc}\,\frac{1}{2{t_D}^{1/2}} \tag{6.3}$$

式中 $p(x,\ t)$——在时间 t 距井 x 处的压力，psi（绝对压力）；

p_w——井筒处恒定生产压力，psi（绝对压力）；

p_e——无限远处的储层压力，psi（绝对压力）。

无量纲生产时间

$$t_D = \frac{2.634 \times 10^{-4}Kt\bar{p}}{\mu\phi_c x^2} \tag{6.4}$$

式中 K——渗透率，mD；

t——时间，h；

$\bar{p}$——平均压力，$\left(\frac{p_e+p_w}{2}\right)$，psi（绝对压力）；

μ——黏度，mPa · s；

ϕ_c——煤的拟孔隙度；

x——距离，ft。

erfc 是互补误差函数。

例如：煤层气井以 20psi（绝对压力）的恒定压力生产，720h 后，距离井筒 750ft 处储层压力是多少？

假设渗透率 $K=10$mD，孔隙度 $\phi=0.5$，x 为煤层中与井筒距离，气体黏度 $\mu=0.02$mPa · s，$z=1.0$，$p_e=500$psi。

$$p = \frac{p_e + p_w}{2} = \frac{500 + 20}{2} = 260\text{psi}$$

$$t_D = \frac{2.634 \times 10^{-4} \times 10 \times 720 \times 260}{0.02 \times 0.50 \times 750^2} = 0.0876$$

因此

$$\frac{1}{2 \times (0.0876)^{1/2}} = 1.689$$

$$\text{erfc}(1.689) = 1 - \text{erf}(1.689) = 0.0174$$

$$\frac{p^2(x, t) - 20^2}{500^2 - 20^2} = 0.0174$$

因此

$$p(x, t) = 68.87\text{psi(绝对压力)}$$

6.1.2 煤的拟孔隙度 ϕ_c

假设煤层温度60℉，孔隙压力650psi，煤层含气量为550ft³/t（阿巴拉契亚中部盆地的典型值）。因此，1ft³ 的煤含有 22ft³ 的气体。

将此体积转换为储层条件下体积：

$$\phi_c = \frac{22 \times 14.7}{650} \times \frac{520}{520} = 0.5\text{ft}^3$$

煤层拟孔隙度为50%。

一些美国煤层的拟孔隙度如下。

(1) 阿巴拉契亚北部盆地：59%；

(2) 阿巴拉契亚中部盆地：50%；

(3) 阿巴拉契亚南部盆地：59%；

(4) 圣胡安盆地：55%；

(5) 伊利诺伊盆地：54%。

6.1.3 恒定产量下气体流动方程

由于气体产量 Q 是恒定的，公式（6.1）可以转化为：

$$\frac{p^2(x, t) - p_w^2}{p_w^2} = -mp_t \tag{6.5}$$

其中

$$m = \frac{8930\mu zTQ}{hKp_w^2} \tag{6.6}$$

式中 h——煤层高度，ft。

然后

$$p_t = \frac{2t_D^{1/2}}{\pi^{1/2}\exp\left(\frac{1}{4}t_D\right)} - \operatorname{erfc}\frac{1}{2t_D^{1/2}} \tag{6.7}$$

公式（6.5）右侧的负号表示气体流出煤层，正号表示气体进入煤层。其中 p_t 是关于 t_D 的函数，Katz[1] 提供了不同 t_D（1~1000）与 p_t 的对应表格。

当 t_D 大于 1000，公式（6.7）进一步简化为：

$$p_t = \frac{1}{2}[\ln t_D + 0.80907] \tag{6.8}$$

6.1.4 无限大油藏恒压下累计产量

累计气量：

$$Q_T = \frac{2\pi\phi}{1000\bar{p}} \times r_{wh}^2(\bar{p} - p_w)\left[\frac{520}{T} \times \frac{\bar{p}}{14.7}\right]Q_t \tag{6.9}$$

式中 $\bar{p}$——平均压力；

Q_t——t_D 的函数，可以从文献［1］中查询。

大多数煤层气井都是在恒定压力下生产。开始时，保持 50~100psi 的井口压力。6 个月后，再取消井口限制压力进行生产。

恒定生产压力情况下，公式（6.3）和公式（6.9）可以计算指定位置处的储层压力和相应的累计产量。恒定产量情况下，公式（6.5）可以计算距离井筒不同位置处的储层压力。

6.2 储层有效渗透率测试

通过压降试井或压力恢复试井，利用非稳态气体流动方程可以计算得出储层有效渗透率。在某些情况下，可以取两个结果的平均值作为储层有效渗透率。

6.2.1 压降试井

压降试井是将长期关闭的煤层气井开井生产，并且连续测量产量和井底流动压力随时间的变化，从而确定储层地质参数。将公式（6.5）和公式（6.8）合并，得到公式（6.10）。

$$p^2 = -\frac{m}{2}p_w^2 \times \ln t + 常数 \tag{6.10}$$

式中 p_w——井底压力。

图 3.6 展示了利用压降试井方法计算储层有效渗透率的例子，绘制井底压力与生产时间关系曲线，曲线斜率为$\frac{mp_w^2}{2}$，代入公式（6.6）中得到：

$$K = \frac{1424\mu zTQ}{2h \times 直线斜率} \tag{6.11}$$

6.2.2 压力恢复试井

压力恢复试井是将长期生产的煤层气井关闭，然后连续测量井底压力与时间，二者关系式可表示为[1]：

$$\frac{\bar{p}^2 - p_w^2}{p_w^2} = -\frac{m_1}{2}(\ln t_{D1} - \ln t_{D2}) \tag{6.12}$$

或者

$$\bar{p}^2 = m_1 p_w^2 \left[\frac{\ln(t_f + \Delta t) - \ln\Delta t}{2}\right] + p_w^2 \tag{6.13}$$

式中 m_1——关井前的产量；

t_f——关井前产量为 m_1 的时间。

公式（6.13）可以进一步改写为：

$$\bar{p}^2 = \frac{m_1 p_w^2}{2} \times \ln\left(\frac{t_f + \Delta t}{\Delta t}\right) + p_w^2 \tag{6.14}$$

图 3.7 展示了利用压力恢复试井方法计算储层有效渗透率的例子，绘制 $\bar{p}^2$ 与 $\ln[(t_f+\Delta t)/\Delta t]$ 关系曲线，得到曲线斜率为 $\frac{mp_w^2}{2}$，利用公式（6.11）计算得到储层有效渗透率。

6.3 气体稳态流

当煤层气井中气体流动遵守质量守恒，达到稳态流动状态。

6.3.1 直井中径向稳态流

煤层中井眼半径为 r_w，Smith[2] 给出了气体流动稳态方程：

$$q = \frac{707.8Kh(p_e^2 - p_w^2)}{\bar{\mu}\,\bar{z}T\ln(r_e/r_w)} \tag{6.15}$$

式中 q——60℉和 14.67psi 下产量，ft^3/d；

K——渗透率，D；

h——储层厚度，ft；

r_e——距离井筒无限远处距离，ft；

r_w——井筒直径，ft；

p_e——半径 r_e 处压力，psi；

p_w——半径 r_w 处压力，psi；

$\bar{\mu}$——平均黏度，mPa · s；

$\bar{z}$——平均压缩系数；

T——兰氏温度（华氏温度+460），°R。

对于液体流动，方程（6.15）变成：

$$Q=\frac{0.03976Kh(p_e-p_w)}{\mu\ln(r_e/r_w)} \tag{6.16}$$

式中 Q——产量，ft^3/d；

μ——液体黏度。

例如：计算稳定生产井的产气量和产水量。

K=0.003D（3mD）

h=40ft

μ=0.02mPa·s

z=0.90

T=60℉（+460）

r_e=1000ft

r_w=0.25ft

p_e=500psi

p_w=50psi

利用公式（6.15）计算得到产气量：

$$Q=\frac{707.8\times(0.003)\times40\times(500^2-50^2)}{0.9\times520\times(0.02)\times\ln\left(\frac{1000}{0.25}\right)}$$
$$=270.9\times10^3ft^3/d$$

同样，利用公式（6.16）计算得到产水量为46.2bbl/d。

6.3.2 油藏工程中实际问题

6.3.2.1 直井水力压裂后产量

煤层经过水力压裂改造，井半径向两侧延伸约500ft。气产量的增加可以按如下计算。

假设，初始生产半径为 r_{w1}，压裂后生产半径为 r_{w2}，公式（6.15）可以改写为：

$$\frac{Q_2}{Q_1}=\frac{\ln r_e/r_{w1}}{\ln r_e/r_{w2}} \tag{6.17}$$

假设 r_{w1}=0.25ft，r_{w2}=500ft，r_e=1000ft，Q_1 是初始产量，Q_2 是水力压裂后产量。

$$\frac{Q_2}{Q_1}=12$$

压裂后产气量可以增加12倍。

案例1：计算煤层气井初始气量和水力压裂改造后的气量。

（1）煤层气井初始产量计算。

K=0.01D

h=6ft

μ=0.02cP

z=1.0

$T=52°R$

$r_e=1000ft$

$r_w=0.25ft$

$p_e=210psi$

$p_w=15psi$

$$Q_1=22657ft^3/d$$

（2）经过水力压裂改造，半径增加到500ft。

$$Q_2=12Q_1=272\times10^3ft^3/d$$

6.3.2.2　直井中多个煤层水力压裂后产量

直井中含有多个煤层，采用笼统压裂方式，一次对多个煤层进行增产，提高产气量。总产量是各煤层产量 Q_i 之和，各煤层的厚度和渗透率分别为 h_i 和 K_i。

总产量：

$$\sum_{i=0}^{n}Q_i=\frac{707.8(p_e^2-p_w^2)}{\mu zT\ln(r_e/r_w)}\sum_{i=0}^{n}K_ih_i \tag{6.18}$$

案例2：假设对阿巴拉契亚中部盆地三套煤层使用水基压裂液进行水力压裂，形成井筒半径为500ft。K_1、K_2 和 K_3 分别为10mD、10mD和10mD。煤层厚度分别为5ft、4ft和3ft。储层压力 p_e 为500psi（绝对压力），温度为60℉。

$$\begin{aligned}总产量&=\frac{707.8\times(500^2-15^2)}{(520)\times(0.02)\times\ln(500/0.25)}\left(\frac{10\times5+10\times4+10\times3}{1000}\right)\\&=268.6\times10^3ft^3/d\end{aligned}$$

6.4　产量递减模型

当泄油半径到达气藏边界或者与临井产生相互干扰，煤层气井产量开始下降。Arps[3]首先提出三种类型的产量下降模型：指数型、调和型和双曲线型，如图6.2所示。双曲线递减模型是一个通用模型，可以推导出另外两种模型。

6.4.1　指数递减

指数递减是天然气井最常用的模型，数学表达式为：

$$q_t=q_i e^{-dt} \tag{6.19}$$

式中　q_i——初始生产率；

q_t——在时间 t 时的产量；

d——衰减速度；

t——时间。

对方程式两边取对数得到：

$$\ln q_t=\ln q_i-d_i t \tag{6.20}$$

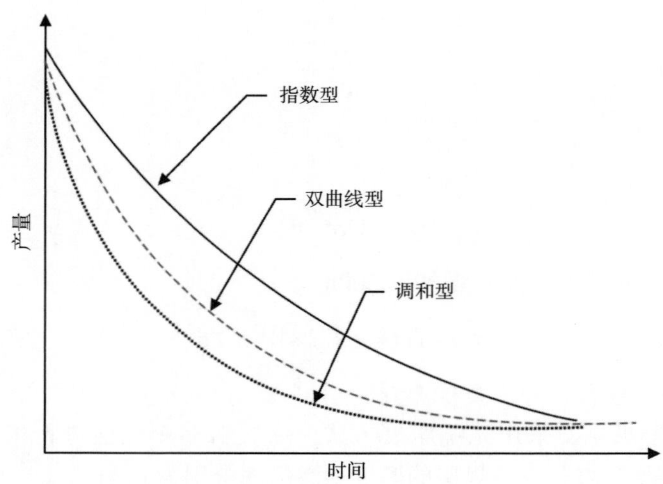

图 6.2　砂岩产气量下降曲线

依据公式（6.20）可以绘制产量 q_t 与时间 t 的关系曲线。

6.4.2　调和递减

调和递减模型不常用，但是当累计产量 Q_p 与 $\ln t$ 为线性关系时很有用。

修改方程式（6.20），可以得到数学表达式：

$$\ln q_t = \ln q_i - d_i \frac{Q_p}{q_i} \tag{6.21}$$

6.4.3　双曲线递减

这是所有产量递减曲线的通用模型，数学表达式为：

$$q_t = \frac{q_i}{(1 + nd_i t)^{1/n}} \tag{6.22}$$

其中 $0<n<1$。

利用曲线重叠法和双对数曲线法可以确定 q_i、d_i 和 n。最佳方法是使用加权的非线性回归法。

6.4.4　幂律指数递减

Ilk[4] 对指数模型进行修改，得到幂律指数递减模型。该模型专门针对致密砂岩气井，数学表达式为：

$$q = q_i \mathrm{e}^{\left(D_\infty t - \frac{D_i}{n} t^n\right)} \tag{6.23}$$

式中　D_∞——产量递减后最终值。

6.4.5　拉伸指数递减

Valko 和 Lee[5] 提出了一个略微不同的指数递减模型，数学表达式为：

$$q_t = q_i \exp\left[1 - \left(\frac{t}{\tau}\right)^n\right] \tag{6.24}$$

式中 q_i——初始产率；

τ——特征时间，累计产量为总产量 63.3%对应生产时间。

6.4.6 幂律递减

Thakur[6,7]依据煤层气直井和水平井产量数据，提出了幂律递减模型，数学表达式为：

$$Q_t = At^n \tag{6.25}$$

式中 Q_t——在时刻 t 的累计产量；

A——初始产量；

t——时间，单位为 d 或 mon；

n——特征常数，取决于井的几何形状和煤的性质。

对公式（6.25）两边取对数得：

$$\ln Q_t = \ln A + n\ln t \tag{6.26}$$

依据公式（6.26）可以绘制累计产量 Q_t 与时间 t 的关系曲线，y 轴截距为初始产量。

（1）案例 1。

图 6.3 为阿巴拉契亚盆地匹兹堡煤层中 1 口 1000ft 深水平井的累计产量。最初生产的 300d 产量为 $360\times10^6\text{ft}^3$，平均产量为 $12\times10^6\text{ft}^3/(\text{d}\cdot100\text{ft})$。产量递减系数 n 为 0.8。Thakur[7]补充了产气量数据。

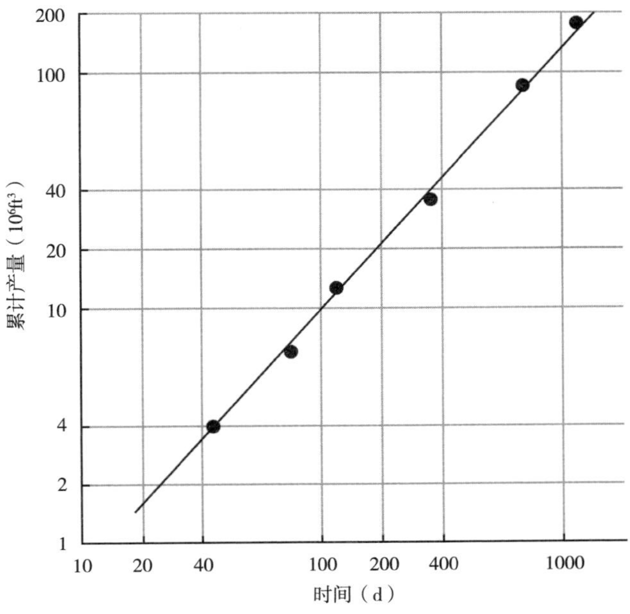

图 6.3 典型水平井累计产气量

（2）案例2。

图6.4为直井中多个煤层水力压裂后的累计气产量。6年的累计产量为$662×10^6ft^3$。在双对数坐标系上同样是一条直线，产量递减系数n为0.81。

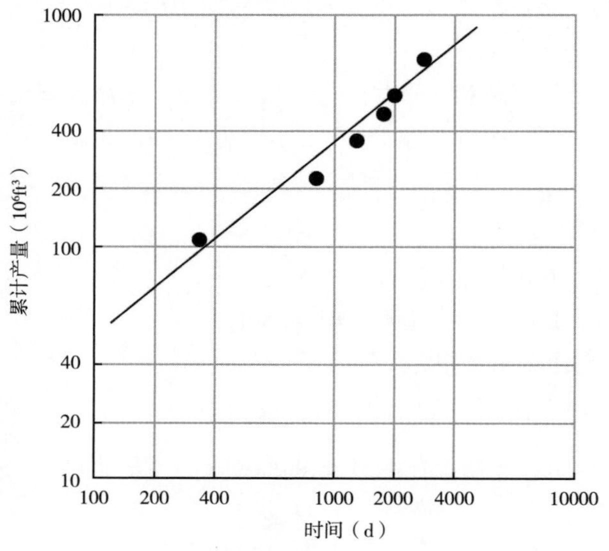

图6.4　直井多个煤层水力压裂后累计气产量

（3）案例3。

由于煤层顶板的下沉和底板凸起，煤层采矿巷道内会聚集大量煤层气。图6.5为阿巴拉契亚中部盆地煤矿巷道内产气量与生产时间的关系图。双对数坐标系上累计气产量与时间的关系为一条直线，产量递减系数约为0.7，表现出较慢的递减速度[7]。

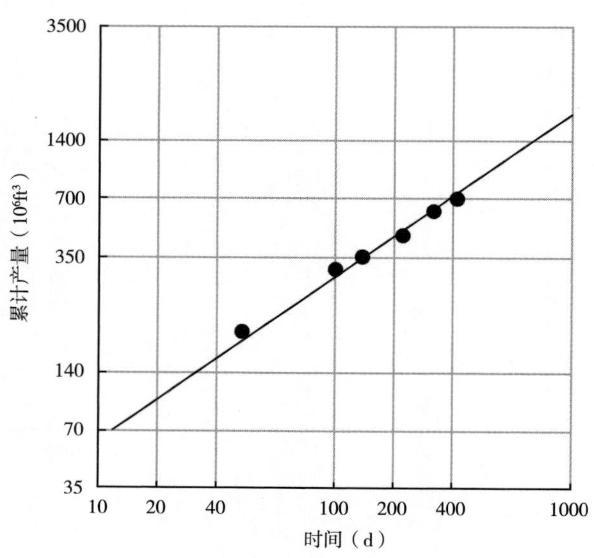

图6.5　煤矿巷道内累计气产量

参考文献

[1] Katz D L. Handbook of natural gas engineering. New York, NY: McGraw-Hill Book Company, 1958: 403-420.

[2] Smith R V. Practical natural gas engineering. Tulsa, OK: Pennwell Publishing Company, 1990: 97-107.

[3] Arps J J. Analysis of decline curves. SPE, 1945: 160-228.

[4] Ilk D, et al. Exponential vs hyperbolic decline in tight sands-understanding the origin of implications for reserve estimate using Arp's decline curves, SPE Paper 116731, Denver, Colorado, 2008.

[5] Valko P P, et al. A better way to forecast production from unconventional gas wells, SPE Paper 134231, 2010.

[6] Thakur P C. Methane control in longwall gobs, Longwall and Shortwall Mining, State-of-the-Art, AIME, 1980, 81-86.

[7] Thakur P C. Methane flow in the Pittsburgh coal seam, USA, the 3rd International Mine Ventilation Congress. Howes M S, Jones M J, editors. Harrogate, England, 1984: 177-182.

第 7 章　管道和井筒中流体流动

流体从煤层中流出后将通过井下生产管柱上返至地面生产管线。针对该过程，分析了水、气体、砂浆或煤浆在管线中的流动机理，得到了流动阻力计算模型，计算和优化了所需泵功率和管线尺寸。对于层流，流动阻力与雷诺数和管道粗糙度有关。对于湍流，管道粗糙度是影响流动阻力的首要因素。提供了多个计算摩擦系数的公式。对于不同尺寸管道，计算了砂子和煤屑在管道和环空中运移的最小速度。依据颗粒运移速度、体积浓度和阻力系数，能够推导出钻井液摩擦系数，进而计算不同深度井眼循环钻井液所需泵功率。最后，示例了气体压缩机功率和非圆管有效直径的计算方法。

7.1　基本流动方程

基本流动方程是将流体视为摩擦很小的可压缩或不可压缩理想流体[1]。在煤层气生产过程中，所有的流体都有黏度并与管道产生摩擦，流动状态以湍流为主。本章主要讨论以下四种流动：（1）管道中水的流动；（2）管道中气体流动；（3）水、砂或煤以泥浆形式的流动；（4）直井中气体流动。

7.2　管道中水的流动

利用能量守恒方程、连续性方程和流体阻力方程可以分析和计算涉及水流动的问题，例如管道、弯头和阀门中的压力损失。

1850 年，达西通过实验测得了水在管线中流动阻力影响因素，推导了数学表达式：

$$h = \frac{\lambda l v^2}{2gd} \tag{7.1}$$

式中　h——一定距离下水头损失，ft；

l——管道长度，ft；

d——管道直径，ft；

g——重力加速度（32ft/s²）；

λ——摩擦系数；

v—速度，ft/s。

采用量纲分析法可以确定管道的摩擦系数 λ。当黏性流体在管道中流动时，流动阻力 τ 与影响因素之间关系表达式为：

$$\tau_o = F(v,\ d,\ \rho,\ \mu,\ e) \tag{7.2}$$

式中　v——流体速度，ft/s（L/T）；

d——管道直径，ft（L）；

ρ——流体密度，lb/ft^3（M/L^3）；

μ——流体黏度，cP（M/LT）；

e——管道粗糙度，ft（L）。

利用量纲分析将公式（7.2）转换为：

$$\frac{M}{T^2L} = \left(\frac{L}{T}\right)^a (L)^b \left(\frac{M}{L^3}\right)^c \left(\frac{M}{LT}\right)^d (L)^e$$

分析公式两侧质量（M）、长度（L）和时间的幂律指数。

M：$1=c+d$

L：$-1=a+b-3c-d+e$

T：$-2=-a-d$ 或 $2=a+d$

将 a、b 和 c 转换为 d 和 e 来消除三个未知数。

$$a=2-\mathbf{d},\ b=-(d+e),\ c=1-d$$

因此公式（7.2）改写为：

$$\tau_o = cv^{2-d}d^{-de}\rho^{1-d}\mu^d e^e \tag{7.3}$$

或

$$\tau_o = c\left(\frac{\mu}{vd\rho}\right)^d \left(\frac{e}{d}\right)^e \rho v^2$$

式中 c——比例常数。

由公式（7.3）可知，管道中的流动阻力与雷诺数$\left(Re=\frac{vd\rho}{\mu}\right)$和管道粗糙度系数$\left(\frac{e}{d}\right)$有关。Stanton[2] 和 Nikuradse[3] 开展了大量关于摩擦系数 λ 的测试实验，并列举了不同管道的粗糙度 e，见表 7.1。

表 7.1 不同管道的粗糙度

管道类型	e（in）
锻铁	0.0017
井管/管线管	0.0007
生铁	0.0050
镀锌铁	0.0060
无涂层铸铁	0.0100
木质	0.007~0.036
混凝土	0.012~0.12
铆结钢	0.035~0.35

Colebrook[4]推导出了一个简单的计算 λ 公式：

$$\frac{1}{\lambda}=2\lg\frac{d}{e}+1.14-2\lg\left[1+\frac{9.28}{Re\left(\frac{e}{d}\right)\sqrt{\lambda}}\right] \tag{7.4}$$

通过对公式（7.4）多次迭代可以得到 λ 值。Moody 依据公式（7.4）绘制了摩擦系数与不同雷诺数和粗糙度系数的关系图版[5]。

通常情况下，λ 值在 0.01~0.09 之间，表示管道非常光滑到完全粗糙。对于光滑管道中紊流，Vennard[1]给出了计算公式：

$$\frac{1}{\lambda}=-0.80+2.0\lg Re\sqrt{\lambda} \tag{7.5}$$

当流动为湍流时，在过渡区以外摩擦系数只与管道粗糙度系数有关，Nikuradse[6]通过实验给出了计算公式：

$$\frac{1}{\lambda}=2\lg\frac{d}{e}+1.14 \tag{7.6}$$

对于管道直径为 6in、粗糙度为 0.005in 的生铁管：

$$\frac{d}{e}=\frac{6}{0.005}=1200$$

代入公式（7.6）可以得到：

$$\lambda=\left(\frac{1}{7.3}\right)^2=0.0188$$

应用举例：

水平井钻井过程中，钻井马达需要所需液体排量为 75gal/min，钻杆直径为 3in，粗糙度为 0.006，长度为 3000ft。计算钻杆中液体流动阻力。

步骤 1：流体在钻杆中流动速度。

流体流量

$$Q=75\text{gal/min}=10\text{ft}^3/\text{min}=0.167\text{ft}^3/\text{s}$$

管道横截面

$$A=\frac{\pi}{4}\left(\frac{3}{12}\right)^2=0.049\text{ft}^2$$

流动速度

$$V=\frac{Q}{A}=\frac{0.167}{0.049}=3.41\text{ft/s}$$

步骤 2：流体流动的雷诺数。

$$Re=\frac{vd}{\mu/\rho}=\frac{3.41\times0.25}{1.217\times10^{-5}}=70000$$

步骤3：依据公式（7.6）计算 λ。

$$\frac{1}{\sqrt{\lambda}}=2\lg\left(\frac{3}{0.006}\right)+1.14$$

$$\lambda=0.0234$$

步骤4：按照公式（7.1）计算流动阻力。

$$h=\frac{0.0234\times3000\ (3.41)^2}{2\times32\times0.25}\ (\text{水中单位为 ft})$$
$$=51\text{ft}=22.2\text{psi}$$

7.3 水平管道中气体流动

设计压缩机时，必须确定最大输气量下气体在管道内的压力损失。假设：

（1）动能变化忽略不计；

（2）流动稳定且等温；

（3）水平流动；

（4）气体不做功。

压力损失方程为：

$$\int_1^2 v\mathrm{d}p+\int_1^2\frac{\lambda lv^2}{2gd}\mathrm{d}l=0 \tag{7.7}$$

Weymouth[7]推导出了一个气体流量与压力损失相关联的数学公式：

$$Q=3.22\frac{T_o}{p_o}\left[\frac{(p_1^2-p_2^2)d^5}{GTL\lambda Z}\right]^{0.5} \tag{7.8}$$

式中 Q——在 T_o 和 p_o 处气体流量，ft^3/h；

L——管道长度，mile；

d——管道内径，in；

p——压力，psi（绝对压力）；

G——气体相对密度（空气=1）；

T——平均管道温度，°R；

Z——平均压缩系数；

λ——摩擦系数。

Weymouth 假设 λ 与管道直径关系式：

$$\lambda=\frac{0.032}{d^{1/3}} \tag{7.9}$$

将公式（7.9）代入公式（7.8）得到，

$$Q = 18.062\frac{T_0}{p_0}\left[\frac{(p_1^2 - p_2^2)d^{16/3}}{GTLZ}\right]^{0.5} \tag{7.10}$$

应用举例：

计算在40ft长的管道中输送$100\times10^6 ft^3/d$天然气所需管道直径。

$T_0=60°F=520°R$（基准温度）

$p_0=15psi$（绝对压力）

$p_1=1000psi$（绝对压力）

$p_2=300psi$（绝对压力）

$G=0.6$

T=平均管道温度，510 °R

$L=40ft$

$Z=1.00$

首先计算

$$Q=\frac{100\times10^6}{24}=4.17\times10^6 ft^3/h$$

因此

$$4.17\times10^6 = 18.062\times\frac{520}{15}\left[\frac{(1000^2 - 300^2)d^{16/3}}{0.6\times510\times40}\right]^{0.5}$$

或

$$d^{16/3}=596566$$

因此

$$d=12.1in$$

可以使用直径为16in的管道。

7.4　固体在水中运移

钻井过程中，煤屑悬浮在水中通过环空运移至地面。为了优化循环系统，需要确定流量、固体浓度、管道尺寸、最小输送速度、泵尺寸和功率。

7.4.1　固体浓度

当最大钻井速度为10ft/min，井眼直径为3.5in时，计算得到钻屑浓度为$0.668ft^3/min$。固体的体积浓度为0.668/10×100=6.68%。其质量浓度为53.4/624=8.55%。

7.4.2　最小运移速度

管道中水的流速太低，运移的固体会沉降，堵塞管道。流速太高，流动阻力会很大，导致耗电量过大，泵和管道磨损严重。因此，需要优化水的流速。

大多数钻屑的尺寸小于⅜in，平均尺寸为⅛in。Durand[9]推导出最小运移速度公式：

$$V_L = F_L\sqrt{2gd\frac{S - S_L}{S_L}} \tag{7.11}$$

式中 V_L——防止沉降的最小速度，ft/s；

F_L——关于颗粒直径和浓度系数，煤屑取值 1.34；

g——重力加速度；

d——管道直径，ft；

S——固体相对密度；

S_L——水相对密度。

煤层气钻井过程中，很可能会钻遇页岩或砂岩，最小运移速度计算依据最重颗粒。表 7.2 列举了砂岩和煤颗粒在不同管道直径中所需的最小运移速度。

表 7.2 最小运移速度

管道直径（in）	最小运输速度（ft/s）	
	砂岩	煤
3	6.89	2.94
4	7.95	3.39
6	9.74	4.15

d_p（平均粒径）：⅛in（3mm）

砂岩相对密度=2.65

煤炭相对密度=1.300

7.4.3 钻井液摩擦系数 λ_s

首先计算得到水的摩擦系数 λ_w，利用 Durand[9] 经验公式计算钻井液摩擦系数。

$$\lambda_s = \lambda_w\left[1 + 82\left(\frac{gD}{v^2} \times \frac{\rho - \rho_w}{\rho_w}\right)^{3/2} \frac{c_v}{c_D^{3/4}}\right] \tag{7.12}$$

使用前面章节计算的 v、c_v 和 c_D 值（大多数固体颗粒的值等于 0.44）。

$$\lambda_s = \lambda_w\ (1.003) = 0.0234 \times 1.003 = 0.0234$$

7.4.4 压力损失

假设水平井深度为 3000ft，压力损失为：

$$h_s = \frac{\lambda/v^2}{2gd} = \frac{0.0234 \times 3000 \times (6.5)^2}{2 \times 32 \times (d_2 - d_1)}$$

式中 d_2——井眼直径；

d_1——钻杆外径。

因此，

$$d_2 = 3.5\text{in};\ d_1 = 2.75\text{in}$$

$$h_s=\frac{0.0234\times3000\times(6.5)^2}{2\times32\left(\frac{3.5-2.75}{12}\right)}=741\text{ft}$$

1ft 钻井液压力等于 0.47psi。因此，摩擦损失为 349.2psi。

泵送系统总的压力损失＝钻杆压力损失
+钻井马达压力损失（假设 200psi）
+环空压力损失
＝22.2+200+349.2＝571.4psi

为了包括所有部件压力损失，如阀门、弯管和配件，总的压力损失为 900psi。

7.4.5　泵功率

钻井液排量 75gal/min 和总压力损失 900psi 确定后，依据公式（7.13）计算泵功率。

$$\text{功率}=\frac{(\text{压力，psi})\times(\text{排量，gal/min})}{1714\eta}\tag{7.13}$$

式中　η——泵和传动系统效率，假设为 0.8。

在本例中所需功率为$\dfrac{900\times75}{1714\times0.8}=49.22$。

7.5　直井中的气体流动

考虑直井段高度，公式（7.7）修改为：

$$\int_1^2 v\mathrm{d}p+\int_1^2\frac{\lambda v^2\mathrm{d}l}{2gd}+\frac{g\Delta x}{g_L}\tag{7.14}$$

Smith[10] 推导出了公式（7.14）解析表达式：

$$Q=200000\left[\frac{d^5}{GTZ\lambda}\times(p_2^2-e^S p_1^2)\frac{S}{S-1}\right]^{0.5}\tag{7.15}$$

将公式（7.9）代入公式（7.15）得到如下表达式：

$$Q=1.118\times10^6\left[\frac{d^{16/3}}{GTZ}\times(p_2^2-e^S p_1^2)\frac{S}{e^S-1}\right]^{0.5}\tag{7.16}$$

式中　Q——压力 14.65psi（绝对压力）和温度 60°F 时的体积流量，ft^3/d；
Z——平均压缩性；
T——平均温度，°R；
d——井眼直径，in；
p_2——井底压力；
p_1——井口压力；
e——2.7183；

S——$\frac{0.0375Gx}{TZ}$；

G——气体相对密度；

x——海拔差值，ft。

应用举例：

依据以下条件，计算深度 2000ft，5in 套管中气体流量。

$G=0.6$

$T=520°R$

$Z=1.00$

$p_2=700$psi（绝对压力）

$p_1=15$psi（绝对压力）

$$S=\frac{0.0375\times0.6\times2000}{520\times1}=\frac{45}{520}=0.0865$$

因此

$$Q=1.118\times10^6\left[\frac{(0.416)^{16/3}}{0.6\times520\times1}(700^2-1.09\times15^2)\frac{0.0865}{1.09-1}\right]^{0.5}$$

$$=4.19\times10^6 ft^3/d$$

7.6　压缩气体功率计算

气体在地面传输都要经过气体压缩机。压缩机所需功率与气体流量和传输压力有关。利用焓—熵图可以计算压缩功率。Joffe[11] 推导出一个功率计算公式：

$$-W=\frac{K}{K-1}\frac{53.241T_1}{G}\left[\left(\frac{p_2}{p_1}\right)^{\frac{Z(K-1)}{K}}-1\right] \tag{7.17}$$

当温度为 60 ℉，压力 14.65psi，每天压缩 1×10^6ft^3 气体，式（7.17）可改写为：

$$-W=0.08531\frac{K}{K-1}T_1\left[\left(\frac{p_2}{p_1}\right)^{\frac{Z(K-1)}{K}}-1\right] \tag{7.18}$$

式中　W——压缩真实气体所需功率，单位：ft · lb/lb；

T_1——入口温度，°R；

K——入口气体的 C_p/C_v；

Z——压缩因子；

p_1——吸入压力，psi（绝对压力）；

p_2——排出压力，psi（绝对压力）。

应用举例：

压力为 100psi，温度为 80℉，相对密度为 0.6 的 1×10^6ft^3 煤层气压缩后压力增加至 500psi（绝对压力）所需功率。

$$K=1.28$$

$$T_1=540°\mathrm{R}$$

$$p_2/p_1=5$$

$$Z=0.985$$

因此

$$\begin{aligned} W &= 0.08531\times\left(\frac{1.28}{0.28}\right)\times 1.28540\times\left[5^{0.985\left(\frac{0.28}{1.28}\right)}-1\right] \\ &= 87\mathrm{hp} \end{aligned}$$

电动机效率为 0.8，电动机功率应为 109hp（1hp=735W）。

通常，一个压缩过程可以提高气体压力 400~500psi。若需要更高压力，需要多个压缩机串联工作。

7.7 等效直径

通常情况下，煤层气经过生产管柱和套管之间的环形空间传输至地面，产出的水经过生产管柱传输至地面。由于无法在环空中安装井下压力计，环形空间中压力损失需要通过计算得出。

如果将直径替换为有效直径，$d_{\mathrm{eff}}=d_2-d_1$，则可以使用前面提到的所有压力损失方程。其中，d_1 为油管外径，d_2 为套管直径。

摩擦系数计算公式：

$$\frac{1}{\sqrt{\lambda}}=2\lg\frac{(d_2-d_1)}{e}+1.14 \tag{7.19}$$

对于非圆形管道，水力直径 D_{h} 为：

$$D_{\mathrm{h}}=\frac{4A_{\mathrm{C}}}{p} \tag{7.20}$$

式中 A_{C}——非圆管的横截面积；

p——湿周。

对于圆形管道：

$$D_{\mathrm{h}}=\frac{4\left(\frac{\pi D^2}{4}\right)}{\pi D}=D$$

对于边长为 a 的方形管道：

$$D_{\mathrm{h}}=\frac{4a^2}{4a}=a$$

对于边长为 a 和 b 的矩形管道：

$$D_h = \frac{4ab}{2(a+b)} = \frac{2ab}{a+b}$$

参考文献

[1] Vennard J. Elementary fluid mechanics. John Wiley and Sons, Inc. , 1961, 570.

[2] Stanton T E. Similarity of motion in relation to the surface friction of fluids. Trans R Soc Lond A, 1914, 214.

[3] Nikuradse J. Stromungsgesetze in RauhenRohren. VDI-Forschungsheft 1933, 361. [in German] .

[4] Colebrook C F, White C M. The reduction of carrying capacity of pipes with age. J Inst Civil EngLond, 1937, 7: 99.

[5] Moody L F. Friction factors for pipe flow. Trans ASME, 1944, 66: 671.

[6] Nikuradse J. VDI-Forschungsheft, No. 356, 1938 [in German] .

[7] Weymouth T R. Problems in natural gas engineering. Trans ASME, 1912, 34: 185.

[8] Katz D, et al. Handbook of natural gas engineering. McGraw-Hill Book Company, 1958, 304-309.

[9] Durand R. Hydraulic transportation of coal and other solid materials in pipes. London: Colloquim of National Coal Board; 1952.

[10] Smith R V. Determining friction factors for measuring productivity of gas wells. Trans AIME, 1950, 189: 73.

[11] Joffe J. Gas compressors. Chem Eng Prog 1951, 47: 80.

第8章　煤层气井水力压裂技术

水力压裂是煤层气生产中最常用的增产技术，用于提高产气量。这个过程包括钻井、套管固井、小型压裂测试、主压裂，在煤层中产生一个长500~1000ft的双翼垂直裂缝。通过小型压裂可以得到许多储层信息，如瞬时关井压力、裂缝梯度、储层压力、渗透率和裂缝扩展压力。对裂缝的长度、宽度、高度及其延伸方向进行理论计算，评估裂缝体积和压裂效率。讨论了三种裂缝扩展模型：（1）基于清水压裂的Perkins和Kern模型；（2）基于高黏度压裂液的Geertsma和deKelck模型；（3）水平裂缝模型。列举了三种情况下的裂缝设计：（1）纯水压裂；（2）氮气压裂；（3）滑溜水压裂。最后，进行了施工压力分析。总结了煤层中三种模式：（1）压力曲线斜率为⅛~¼，表示裂缝高度受限，裂缝长度线性增加；（2）压力曲线为水平线，裂隙延伸过程缝高增长速率中等；（3）压力曲线为45°~63°直线，表明裂缝延伸受限，主要由流体滤失或净压力减小导致。

在现有技术条件下，煤层气开采主要有四种工艺：直井配合水力压裂；浅层煤层水平井；深层煤层水平井和多级水力压裂；浅层厚煤层直井。

8.1　水力压裂过程

为使煤层气井水力压裂顺利实施，首先需将井眼钻至目标煤层下方约200ft处，将套管下至煤层上部注入水泥固井；利用高压水射流清洗煤层中的水泥和碎屑；开展小型压裂测试，分析压力数据获取地层参数，调整主压裂设计；实施主压裂施工，将一定数量压裂液和支撑剂泵送至煤层中，产生覆盖煤层的垂直裂缝；施工结束，关井一段时间后缓慢返排压裂液体；最后在套管中下泵排水。随着储层压力下降，煤层气产量逐渐增加。依据开采区域大小，煤层气井生产长达5~20年。

8.2　裂缝尺寸

煤层中裂缝尺寸计算与砂岩、石灰岩和页岩相差很大。泵入至煤层的液体和砂子总体积V等于产生的裂缝体积V_F和滤失到煤层液体体积V_L。

$$V = V_F + V_L \tag{8.1}$$

$$V = Q \times t$$

式中　Q——泵注排量，ft^3/min；

t——泵注时间，min。

$$V_F = L \times W \times H$$

式中　L——裂缝长度；

W——裂缝宽度；

H——裂缝高度。

V_L 可表示为

$$V_L = (3H_P CL)\sqrt{t} \tag{8.2}$$

式中 H_P——裂缝湿润高度；

C——滤失系数。

8.2.1 裂缝长度

式（8.1）可改写为：

$$Q \times t = L \times (3CH_P\sqrt{t} + WH) \tag{8.3}$$

或

$$L = \left(\frac{Qt}{3CH_P\sqrt{t} + WH}\right)$$

依据裂缝监测数据，多数情况下裂缝高度与煤层厚度相同，因此 $H=H_P$。宽度一般为 0.04~0.08ft。假设平均高度为 0.06ft。公式（8.3）改写为：

$$L = \frac{1}{H}\left(\frac{Qt}{3C\sqrt{t} + 0.06}\right) \tag{8.4}$$

依据公式（8.4），针对薄煤层，使用低黏度液体，例如清水，产生裂缝长度长，缝高小。

如果注入排量和泵注时间确定，忽略裂缝宽度，公式（8.4）可以用对数形式表示为：

$$\lg L = \lg\left(\frac{Qt}{H}\right) - \lg 3C - \frac{1}{2}\lg t \tag{8.5}$$

因此，裂缝长度 L 与滤失系数 C 在双对数坐标轴上为一条直线，表明滤失系数越高，裂缝长度越短。煤层滤失系数较高，0.01~0.05ft/$\sqrt{\text{min}}$。砂岩滤失系数为 0.001~0.005ft/$\sqrt{\text{min}}$。

另一种表示液体滤失体积的方法是液体效率 η：

$$\eta = \frac{V_F}{V} \tag{8.6}$$

因此，总滤失量为：

$$V_L = V(1 - \eta)$$

应用举例：

煤层水力压裂过程中，用 120000gal 和 100000 lb 砂子产生的裂缝长度 2000ft、平均高度 10ft 和平均宽度½in。计算液体效率。

$$V = 16604.7\text{ft}^3$$

$$V_F = 8333.3\text{ft}^3$$

因此，$\eta = 5\%$。

若泵注排量为 30bbl/min，泵注时间为 95.23min，由公式（8.2）可得煤层滤失系数 $C = 0.0269$。

8.2.2 裂缝宽度

煤层中水力裂缝截面为椭圆形，如图 8.1 所示。

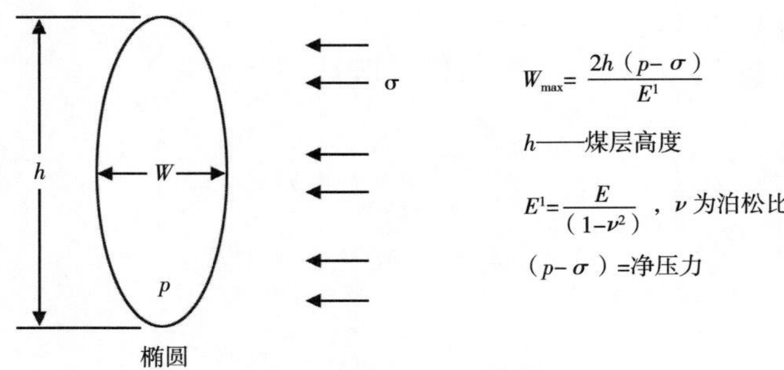

图 8.1 煤层中裂缝截面

裂缝最大宽度为：

$$W_{max}=\frac{2h(p-\sigma)}{E^1} \tag{8.7}$$

式中 h——煤层高度；

p——裂缝开启时井底压力；

σ——孔隙压力；

$E^1=\frac{E}{(1-\nu^2)}$——平面应变模量；

E——杨氏模量；

ν——泊松比。

应用举例：

厚度为 5ft 的煤层，当井底压力为 3000psi 时破裂产生裂缝，煤层的孔隙压力为 500psi。计算裂缝的最大宽度。

假设：$E=500000$psi

$\nu=0.3$

则 $E^1=\frac{500000}{1-0.09}=549451$psi

依据公式（8.7）：

$$W_{max}=\frac{2\times5\ (3000-500)}{549451}=0.0455\text{ft 或 }0.54\text{in}$$

煤层中裂缝尺寸模型主要有以下三种[1-4]：

(1) Perkins 和 Kern（P—K）模型。

假设裂缝横截面是椭圆形，随着裂缝延伸截面积变窄，如图 8.2 所示。当井底压力 p

与孔隙压力 σ 相等时，裂缝停止扩展。使用此模型计算得到裂缝长度远大于裂缝高度，例如，缝长为2000ft，缝高可能只有20ft。

（2）Geertsma 和 deKlerck 模型。

假设裂缝横截面是矩形。随着裂缝延伸宽度减小，裂缝高度保持不变。此模型仅适用于裂缝长度略大于或小于裂缝高度的情况。此模型主要用于计算高黏度压裂液或氮气泡沫压裂液产生的裂缝尺寸。

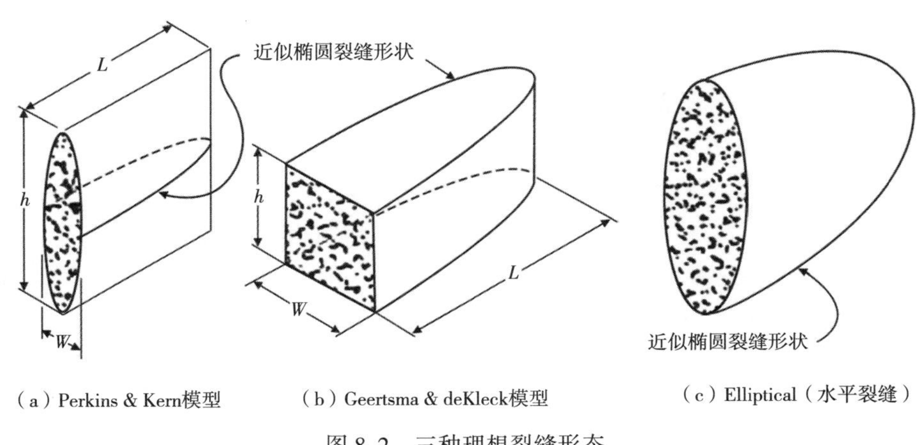

图 8.2　三种理想裂缝形态

（3）径向/椭圆模型。

裂缝横截面为椭圆，整体外形为圆形或椭圆形。该模型主要用于计算煤层与顶底板交界处产生的水平裂缝尺寸。在浅层煤层中，垂直应力 σ_v 为最小应力，产生水平裂缝。

利用 Perkins 和 Kern 模型，可以推导出裂缝宽度 W 表达式，其与压裂液的排量、黏度和地层平面应变模量有关。

根据现场观察：

$$W_{平均} = \frac{\pi}{4} W_{max}$$
$$W_{平均} = \frac{\pi}{4} \times \frac{2H(p-\sigma)}{E^1} \tag{8.8}$$

根据 Craft 和 Hawkins[5] 给出的液体在窄缝中流动方程：

$$\frac{p-\sigma}{L} = \frac{12\mu Q}{HW^3} \tag{8.9}$$

将公式（8.9）代入式（8.8），得：

$$W = \frac{\pi}{4} \times \frac{2HL}{E^1}\left(\frac{12\mu Q}{HW^3}\right)$$

或

$$W^4 = 6\pi\left(\frac{\mu QL}{E^1}\right) \tag{8.10}$$

或

$$W=2.1\left(\frac{\mu QL}{E^1}\right)^{\frac{1}{4}}$$

应用举例：

已知 $L=2000$ft，$Q=30$bbl/min，$E^1=550000$psi，$\mu=1$mPa·s，利用公式（8.10）计算得到裂缝宽度，W=0.54in。

推论：

（1）如果压裂液排量为60bbl/min，则裂缝宽度增加1.19倍。

（2）如果液体黏度增加1000倍，裂缝宽度增加5.6倍。

（3）如果煤层顶板的平面应变模量增加10倍，裂缝宽度减少1.8倍。

8.2.3　裂缝高度

依靠水力压裂产生覆盖煤层的裂缝可以改善改造效果。通常裂缝无法穿透煤层底板，但可以延伸进入顶板。裂缝整体高度受裂缝延伸净压力和顶板岩石力学性质控制。若顶板岩石弹性模量和抗压强度越高，裂缝高度和宽度越小。例如，抗压强度3000psi和弹性模量500000psi的软煤层，顶板为海相页岩其抗压强度为13000psi和弹性模量为3×10^6psi。水力压裂后，通过井下挖掘，发现井筒处的裂缝高度仅为20ft，裂缝宽度为½~¾in。顶板内裂缝宽度约为⅛in，裂缝高度只有15ft。

当煤层和顶板地应力差值很小，应力差几乎不会影响裂缝高度。井筒处裂缝高度计算如图8.3所示。

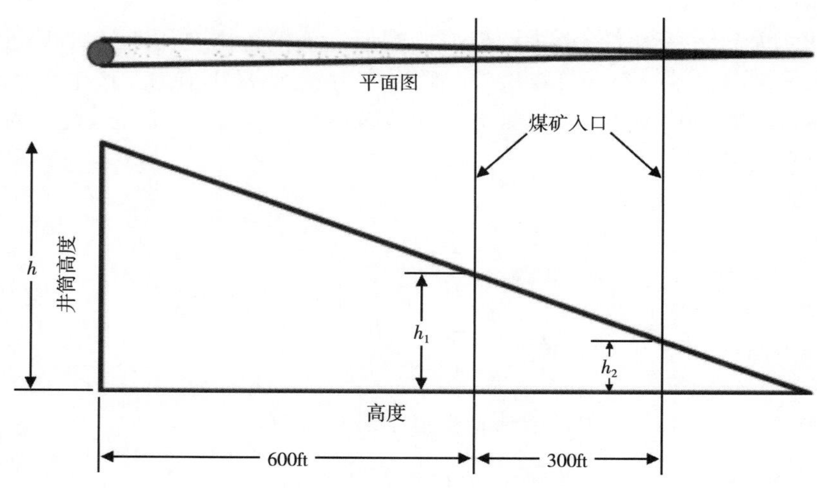

图8.3　通过相似三角形原理计算裂缝高度

通过地下挖掘，距离井筒600ft和900ft处裂缝高度分别为 h_1 和 h_2。依据相似三角形原理，井筒处裂缝高度 h 等于 $3h_1-2h_2$。如果 h_1 为9ft，h_2 为6ft，则井筒处的裂缝高度估计为15ft。该水力裂缝与P—K模型相符合，裂缝长度远大于裂缝高度。

8.2.4　裂缝延伸方向

通过对200多口煤层气压裂井的地下挖掘，得到以下结论。

（1）裂缝体积（$L \times W \times H$）与液体体积成正比。

（2）煤的滤失系数比砂岩和其他岩石高一个数量级。

（3）裂缝很难延伸进入底板。

（4）裂缝延伸方向总是与最小应力垂直。

（5）如果 $\sigma_H > \sigma_v > \sigma_h$，形成垂直裂缝。

（6）如果 $\sigma_H > \sigma_h > \sigma_v$，裂缝则是水平的（图 8.4）。最常见的情况是，裂缝在煤与顶板之间产生水平裂缝，外形为椭圆形。椭圆长轴方向与 σ_H 平行，短轴方向 σ_h 平行。

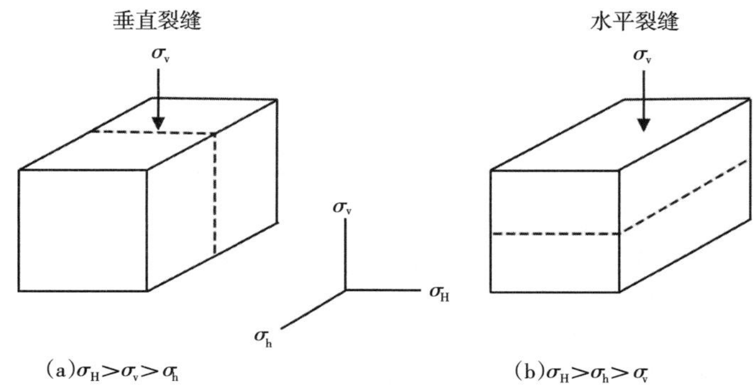

图 8.4 地应力差异对裂缝延伸方向影响

（7）裂缝宽度与压裂液排量和黏度成正比，但主要受地层弹性模量控制。

（8）在煤、页岩和砂岩的复合地层中，弹性模量较低的地层首先破裂。

表 8.1 列举了 10 条裂缝的实际长度、宽度、高度和方位角，其中，在煤矿中测得的 σ_H 方向为 N55°E。主要水力压裂参数为 12×10^4gal 的水、10×10^4 lb 的砂子（多数为 20～40 目），泵注排量 30bbl/min。详情见第 8.3 节。

表 8.1 煤中裂缝的尺寸和方向

井序号	总长度（ft）①	井筒处宽度（in）	高度（ft）	平均方向（左右翼）
1	1875	0.75	20②	N58～60E
2	1750	0.5	20	N54～59E
3	1450	0.5	20	N50～53E
4	1600	0.5	20	N57～57E
5	1750	0.5	20	N53～60E
6	1625	0.5	20	N53～54E
7	1750	0.75	20	N57～57E
8	1550	0.75	20	N57～57E
9	1650	0.75	20	N55～57E
10	2100	0.75	20②	N55～57E
平均	1550	0.6	20	N56E

注：①支撑长度通常为总长度的 75%。

②通过切割顶板测量。

8.3 裂缝延伸

图 8.5 中是典型煤层气直井井身结构图。

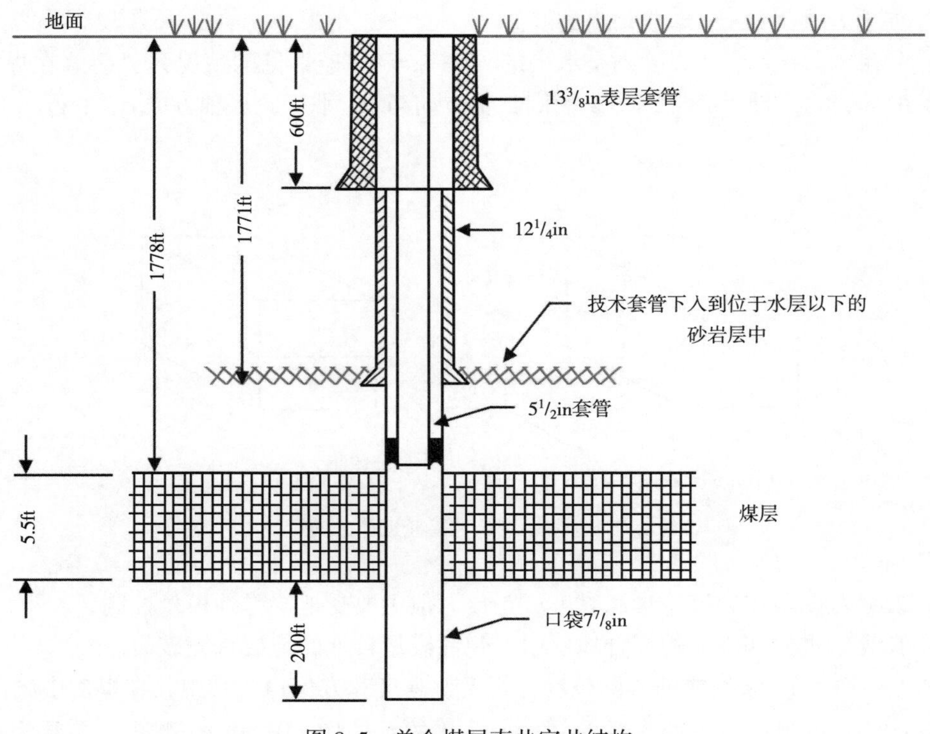

图 8.5　单个煤层直井完井结构

钻井及压裂步骤:

(1) 15in 井眼钻至 600ft, 下入 13⅜in 套管。

(2) 12¼in 井眼钻至 1771ft, 下入 9⅝in 套管。

(3) 7⅞in 井眼钻至煤层下部 150~200ft, 多余井筒深度称为 “口袋”。由于煤和砂粒会沉降口袋中, 在采气过程中需要用捞砂筒定期清理。

(4) 使用地层封隔器将 5½in 套管固定在目标煤层正上方。口袋中充满了砂子。在 3000~4000psi 下, 进行全井筒测压, 检查封隔器是否漏水。在 6000psi 下对管道进行测试。

(5) 生产层位: 1778~1785. 5ft

总深度: 1785. 5+200=1985. 5ft

第一天的工作:

(6) 排量 4bbl/min, 压力 2600psi 对煤层进行 20min 的水力喷射, 清除可能泄漏到煤层中的水泥。

(7) 开展小型压裂测试, 获取储层参数用于主压裂设计, 详情见表 8. 2。

(8) 水力压裂设备配置。

①两台 400 型压裂泵，满足 40bbl/min 要求。

②一台排量为 50bbl/min 的混砂车。

③多辆运砂车。

a. 15000 lb 压裂砂，目数 80~100。

b. 100000 lb 压裂砂，目数 20~40。

c. 15000 lb 压裂砂，目数 10~20。

④12 个容量为 250bbl 的水罐有 3000bbl 的水。

⑤一辆压裂仪表车。

表 8.2　小型压裂数据

<table>
<tr><th>排量（bbl/min）</th><th>体积（bbl）</th><th>总体积</th><th>总时间（minuter）</th><th>压力（psi）</th></tr>
<tr><td>1</td><td>10</td><td>10</td><td>10</td><td>900~975</td></tr>
<tr><td>2</td><td>10</td><td>20</td><td>15</td><td>1150~1200</td></tr>
<tr><td>6</td><td>15</td><td>35</td><td>17.5</td><td>1400</td></tr>
<tr><td>10.5</td><td>35</td><td>70</td><td>21</td><td>1520~1600</td></tr>
<tr><td colspan="5">停止泵注，瞬时关井压力为 1250psi</td></tr>
<tr><td colspan="5">$$\begin{aligned}破裂压力梯度 &= \frac{瞬时井压力}{井深} + 0.434 = \frac{1250}{1780} + 0.434 \\ &= 0.702 + 0.434 \\ &= 1.136\end{aligned}$$</td></tr>
<tr><td colspan="5">破裂压力梯度较低，裂缝可能与以前的井连通</td></tr>
<tr><td colspan="5">关井后压力下降</td></tr>
<tr><td colspan="2">时间</td><td colspan="3">压力</td></tr>
<tr><td colspan="2">1</td><td colspan="3">1100</td></tr>
<tr><td colspan="2">2</td><td colspan="3">1050</td></tr>
<tr><td colspan="2">5</td><td colspan="3">900</td></tr>
<tr><td colspan="2">10</td><td colspan="3">750</td></tr>
</table>

关井，等待第二天压裂施工。

第二天工作：

(9) 早晨开始检查设备和仪器。

(10) 召开安全会议。清点所有人员，检查无线电通信，并确保井口附近无人。

(11) 开始水力压裂施工。详情见表 8.3 和表 8.4。

(12) 关闭井，撤离所有设备。

(13) 4h 后，通过油嘴控制压裂液返排。

(14) 在 3~4h 内，关闭井口，通常会检测到一些气体。

(15) 清点所有人员，并将井移交给生产队进行抽汲和安装水泵。

表 8.3　第一段氮气泡沫压裂泵注程序

步骤	注入量 (bbl)	累计注入量 (bbl)	排量	砂	地面压力 (psi)	井底压力 (psi)
1 前置液	400	400	36	0	1450	1861
2	25	425	36	X^{3}[①]	1340	
3	25	450	35	0	1355	
4	25	475	35	X^{3}	1370	
5	25	500	35	0	1350	
6	50	550	36	Y^{2}	1394	
7	50	660	35	0	1400	1866
8	50	650	35	Y^{3}	1338	
9	50	700	35	0	1338	
10	75	775	35	Y^{3}	1470	
11	75	850	35	0	1450	2000
12	50	900	34	Y^{3}	1530	
13	50	950	35	0	1400	2036
14	50	1000	35	Y^{3}	1490	
15	50	1050	35	0	1430	
16	50	1100	35	Y^{3}	1415	
17	50	1150	34	0	1467	
18	50	1200	33	Y^{3}	1610	
19	50	1250	34	0	1450	
20	50	1300	34	Y^{3}	1550	
21	50	1350	34	0	1470	2150
22	50	1400	33	Y^{1}	1600	
23	50	1450	32	0	1530	2167
24	50	1500	32	$Y^{1.25}$	1580	
25 顶替液	150	1650	32	0	1530	1991
26	瞬时关井压力 1065psi；在 1min：952psi；2min：906psi；3min：874psi；5min：850psi；9min：814psi；10min：777psi；15min：735psi；20min：713psi；30min：645psi（储层压力）					

注：X 为 80~100 目砂。

Y 为 20~40 目砂。

Z 为 10~20 目砂。

指数“3”表示 3 lb/gal。

表 8.4 第二段氮气泡沫压裂泵注程序

步骤	注入量（bbl）	累计注入量（bbl）	排量（bbl/min）	砂	地面压力（psi）	井底压力（psi）
1（前置液）	300	300	38	0	1580	1950
2	50	350	35	X^3	1520	
3	50	400	34	0	1540	
4	50	450	34	Y^3	1550	
5	50	500	34	0	1450	
6	50	550	34	Y^3	1570	
7	50	600	34	0	1490	
8	50	650	34	Y^3	1630	
9	50	700	34	0	1480	
10	50	750	33	Y^3	1670	
11	50	800	34	0	1500	
12	50	850	34	Y^3	1660	
13	50	900	33	0	1615	
14	50	950	33	Z^1	1750	
15	25	975	33	0	1600	
16	50	1025	32	$Z^{1.3}$	1580	
17	50	1075	33	0	1580	
18 顶替液	100	1175	34	0	1530	
	停泵压力：1204psi					

总结	体积	平均压力	排量	砂（lb）			停泵压力	破裂压力梯度	BHP
				X	Y	Z			
1	1650	1500	35	6.3k	51k	4.7k	1065	1.03	2036
2	1175	1600	34	6.3k	29k	5.25k	1204	1.11	2089
总计	2825	—	—	12.6k	80k	9.95k	—	—	—

这次压裂在井眼处造了一个长约 1400ft，宽 0.75in，高约 20ft 的裂缝。1000d 的总产气量为 $70\times10^6ft^3$，第一年平均产量为 $111\times10^3ft^3/d$

注：X 为 80~100 目砂。

Y 为 20~40 目砂。

Z 为 10~20 目砂。

指数“3”表示 3 lb/gal。

8.4 泡沫压裂工艺

当煤层很薄并需要对直井中多个煤层压裂时，首选方法为氮气泡沫压裂，如图 8.6 所示。氮气泡沫黏度为 100~150mPa·s，能够产生宽而高的裂缝，沟通所有薄煤层。

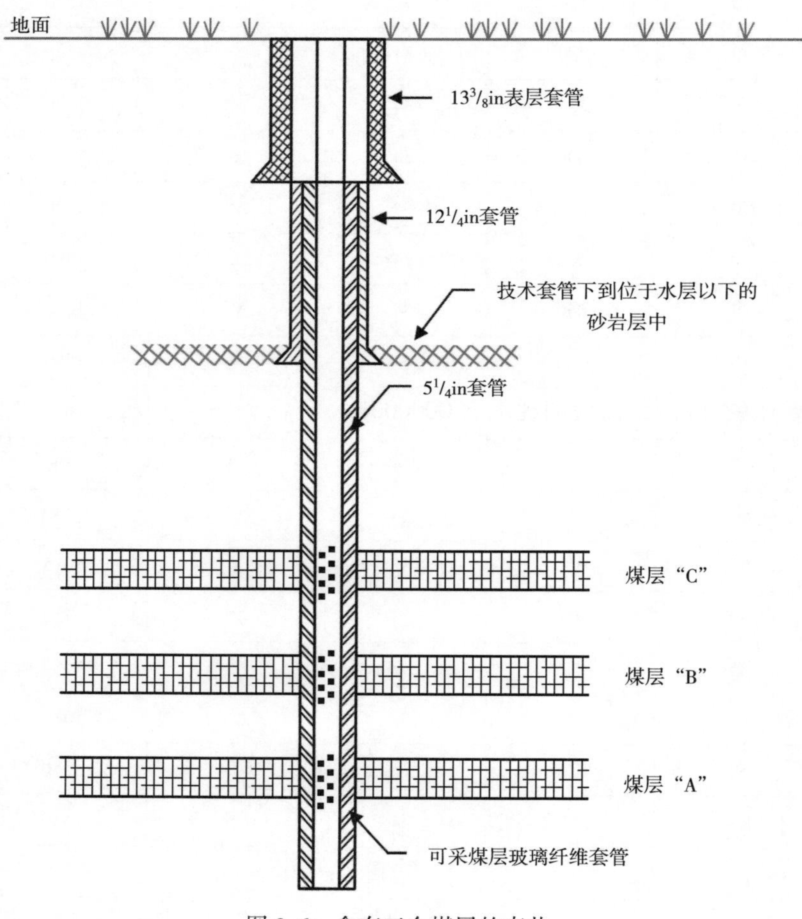

图 8.6　含有三个煤层的直井

氮气泡沫压裂液成分如下：

氮气：体积百分比 70%；

凝胶：15~20 lb/1000gal，可溶于水；

水：体积百分比 30%；

发泡剂，如 SS0-21。

该压裂液体称为 70%氮气泡沫，黏度为 100~150mPa·s，为防止砂堵，携砂浓度小于 4 lb/gal。

表 8.5 为含有三个煤层直井的氮气泡沫压裂参数统计。

表 8.5 三个煤层的泡沫压裂参数

阶段	压裂层位（ft）	煤层厚度（ft）	氮气（10^3ft^3）	水（gal）	凝胶（lb/1000gal）	起泡剂 SSO-21	砂（100 lb）	破裂压力梯度
1	1560～1565	5	553	24990	20	SSO-21	793	1.5
2	1381～1390	7	442	16674	20	SSO-21	505	1.55
3	914～1192	9	472	18774	20	SSO-21	615	1.57
总计		21	1467	60438			1913	

8.5 水平井滑溜水压裂

利用滑溜水进行页岩气水力压裂增产，也适用深层煤层的压裂增产。通常，水平井在煤层中水平段长为3000～5000ft，裂缝间距250ft，如图8.7所示。产生长度为250ft裂缝需要水约500000gal，砂子约600000 lb。泵注程序见表8.6。如果裂缝间距为250ft，5000ft长水平段中需要压裂20次，需要消耗水20000000gal，砂子24000000 lb。

当马塞勒斯页岩气井产量为（5～10）$\times10^6ft^3/d$ 时可以收回投资，开采周期通常为20年。马塞勒斯页岩含气量仅为75ft^3/t，而深层煤层含气量为400～600ft^3/t。厚度为40～60ft的煤层，利用水平井多级压裂技术，产气量能够达到（10～20）$\times10^6ft^3/d$。

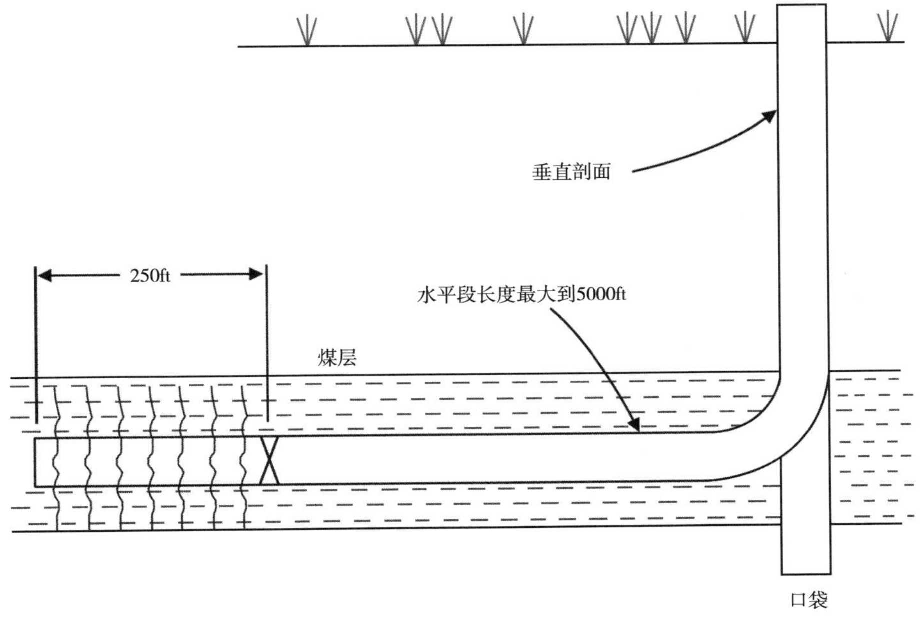

图8.7 深水平井的典型完井

表 8.6　马塞勒斯页岩水力压裂泵注程序

阶段	支撑剂类型	初始井底支撑剂浓度(lb/gal)	结束井底支撑剂浓度(lb/gal)	基液量(gal)	初始排量(bbl/min)	初始携砂液排量(bbl/min)	初始支撑剂浓度(lb/gal)	支撑剂量(lb)	累计支撑剂量(lb)	阶段时间(min)
酸液				3000	15.0	15.0				4.8
前置液				4200	30.0	30.0				3.3
酸液				3000	15.0	15.0				4.8
前置液				35000	85.0	85.0				4.8
携砂液	100 目	0.25	0.25	32000	84.0	85.0	0.25	8000	8000	9.1
	100 目	0.50	0.5	42000	83.1	85.0	0.50	21000	29000	12.0
	100 目	1.00	1	59000	81.3	85.0	1.00	59000	88000	17.3
	100 目	1.50	1.5	62000	79.6	85.0	1.50	93000	181000	18.6
	40/70 目石英砂	1.00	1	20000	81.3	85.0	1.00	20000	201000	5.9
	40/70 目石英砂	1.50	1.5	17000	79.6	85.0	1.50	255000	226500	5.1
	30~50 目石英砂	1.00	1	39000	81.3	85.0	1.00	39000	265500	11.4
	30~50 目石英砂	1.50	1.5	39000	79.6	85.0	1.50	58500	324000	11.7
	30~50 目石英砂	2.00	2	88000	77.9	85.0	2.00	176000	5000000	26.9
	30~50 目石英砂	2.50	2.5	40000	76.3	85.0	2.50	100000	600000	12.5
顶替液				11500	85.0	85.0			600000	3.2
总计				494700				600000		156.2

8.6　施工压力分析

对煤矿中煤层进行水力压裂后，通过多次挖掘直接测量裂缝长度、裂缝高度、井筒处裂缝宽度和裂缝延伸方向。对于无法挖掘的煤层，需要下入井下压力计记录水力压裂及停泵一段时间内的井下压力，通过压力分析估算裂缝尺寸。

裂缝延伸净压力计算公式为：

$$p_{\text{net}} = (p - \sigma) \backsim \frac{E^1}{H}(\mu LQ)^{\frac{1}{2n+2}} \tag{8.11}$$

式中　p——井底压力；

σ——孔隙压力；

n——压裂液特性。

当为水或滑溜水时，n 为 1，公式（8.11）改写为：

$$p_{net}=\frac{E^1}{H}(\mu LQ)^{1/4}$$

当为氮气泡沫时，n 为 0.5，公式（8.11）改写为：

$$p_{net}=\frac{E^1}{H}(\mu LQ)^{1/3}$$

图 8.8 为井底压力在四个阶段内的变化。当泵送开始时，井底压力不断增加，地层破裂，压裂液进入地层。裂缝净压力主要与裂缝长度有关。裂缝长度与进入压裂液体积或只与泵注时间有关。Nolte 和 Smith（1979）采用双对数坐标系清晰地展示了压裂过程中的四种模式，如图 8.9 所示，数据见表 8.7。

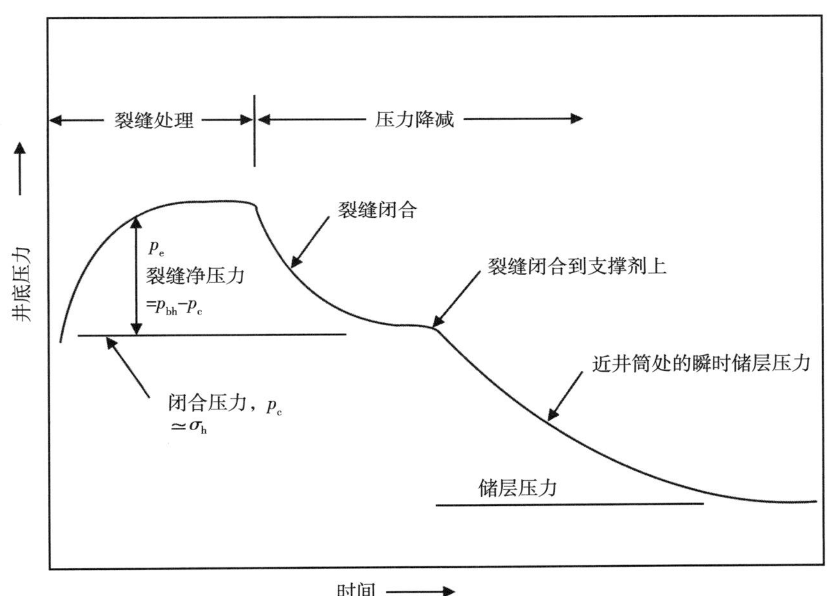

图 8.8　水力压裂井中井底压力随时间变化的典型轮廓图

表 8.7　4 种裂缝延伸模型

模式	斜率	说明
Ⅰ	⅛～¼	裂缝长度方向延伸不受限，裂缝高度受限
Ⅱ	0	裂缝高度稳定增加，液体滤失加大，易于导致砂堵
Ⅲ	1	裂缝单侧延伸受限
	2	裂缝两侧延伸受限
Ⅳ	负值	裂缝高度失控

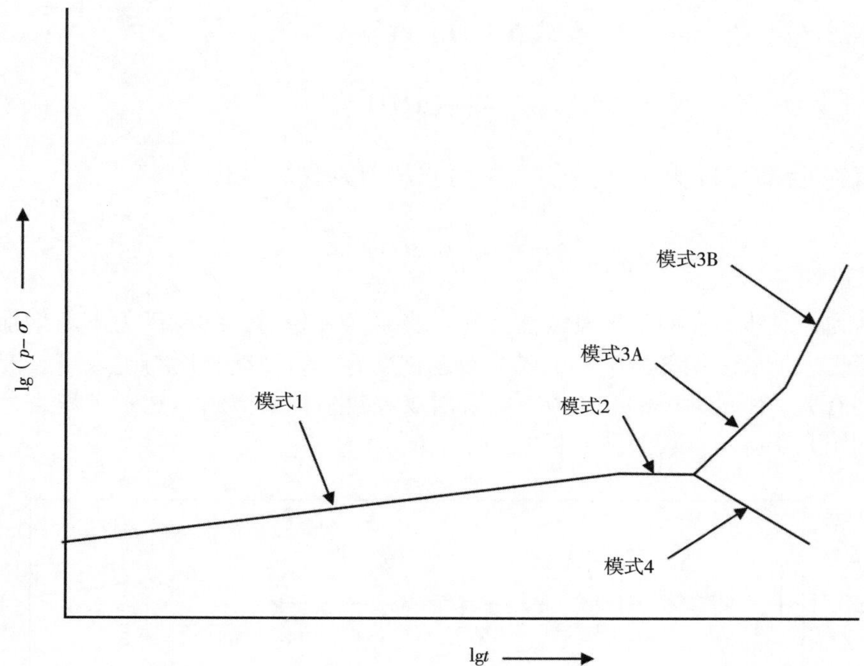

图 8.9 不同裂缝延伸模型下双对数解释图

当煤层中出现砂堵，可以依据模式Ⅲ并结合公式（8.12）计算砂堵位置。

$$L_{max} = \frac{1.8QE^1}{h^2(\Delta p/\Delta t)} \tag{8.12}$$

假设：

$Q = 30\text{bbl/min}$

$E^1 = 500000\text{psi}$

$h = 5\text{ft}$

$\Delta p/\Delta t = 1000\text{psi/min}$（模式Ⅲ）

$$L_{max} = \frac{1.8 \times 30 \times 500000}{25 \times 1000} = 1080\text{ft}$$

8.7 小型压裂数据分析

小型压裂分析可以获得大量储层信息。

8.7.1 瞬时关井压力（ISIP）

压裂施工结束，停止注入压裂液时压力为瞬时停泵压力，计算公式为：

$$F.G.=\frac{ISIP}{深度}+\frac{静水头}{深度}$$

图 8.10 是井底压力与时间的关系图，瞬时停泵压力为 1250psi，煤层中部深度 1781ft，可得 F. G. 为：

$$F.G.=\frac{1250}{1781}+0.434=1.14$$

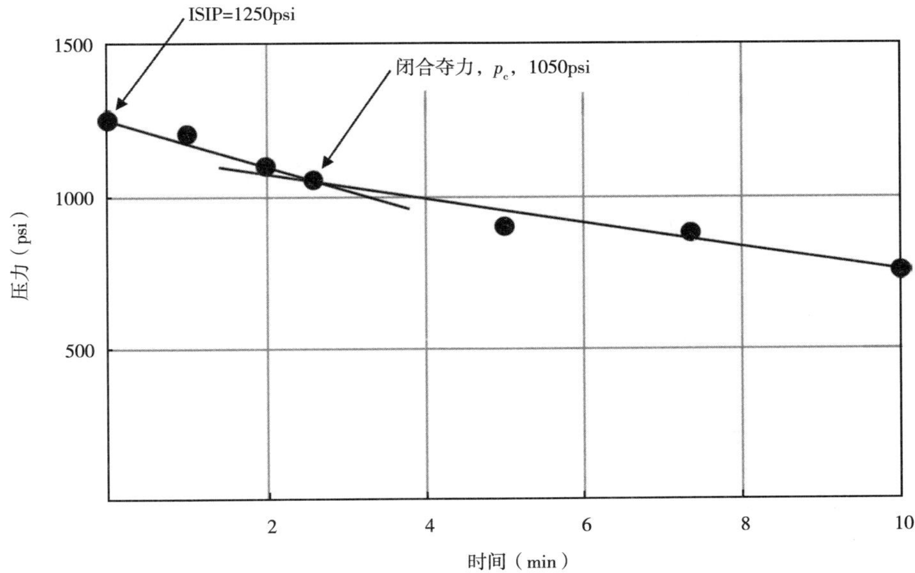

图 8.10 停泵后井底压力变化曲线

分析小型压裂数据（a）ISIP& 压裂梯度；（b）闭合压力

图 8.10 中压力下降快速，表明煤层渗透率非常高，也可能是产生裂缝与临井裂缝连通。压力持续下降，当等于最小水平主应力后，曲线斜率发生变化，拐点对应的压力称为地层闭合压力，$p_c=1050$psi。

8.7.2 储层压力霍纳图

可将小型压裂的压力数据依据以下公式转换，绘制霍纳图，直线与 Y 轴的交点是储层压力 p^*，为 550psi，如图 8.11 所示。数据见表 8.8。

$$井底压力—\lg\left(\frac{t_o+t_{si}}{t_{si}}\right)$$

式中 t_o——注入时间；

t_{si}——时间间隔。

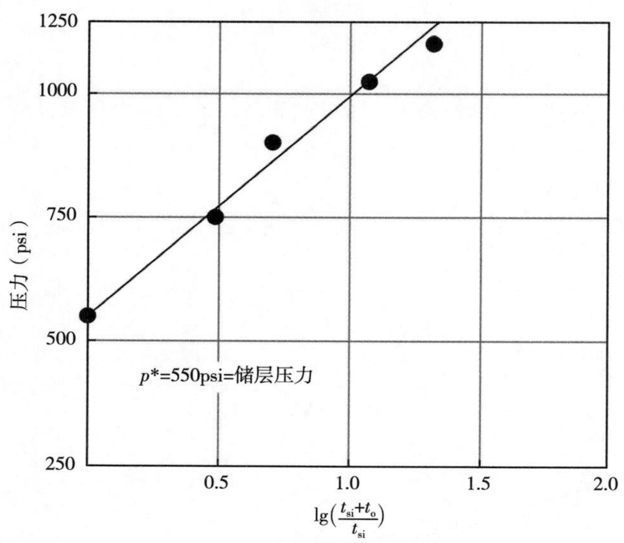

图 8.11　小型压裂数据霍纳图

表 8.8　依据小型压裂数据计算霍纳曲线数据

$t_0=21\text{min}$ t_{si}（min）	$\frac{t_o+t_{si}}{t_{si}}$	压力 （psi）	$\lg\left(\frac{t_{si}+t_o}{t_{si}}\right)$
1	22	1100	1.34
2	11.5	1050	1.06
5	5.2	960	0.71
10	3.1	750	0.49

8.7.3　裂缝延伸压力

通过绘制注入排量与井底压力曲线获取裂缝延伸净压力。图 8.12 中裂缝岩石压力为 1275psi。

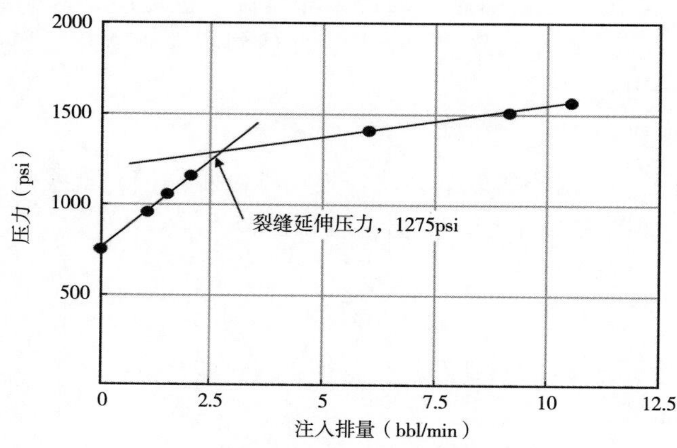

图 8.12　井底压力与注入排量的关系图

8.8　煤矿中裂缝监测

对煤矿中煤层进行水力压裂后，通过多次挖掘直接测量裂缝长度、裂缝高度、井筒处裂缝宽度和裂缝延伸方向。通过对200多口井的监测，裂缝形态分为三大类：（1）垂直裂缝；（2）水平裂缝；（3）T型裂缝。

8.8.1　垂直裂缝

图8.13示意了3种垂直裂缝，地层应力满足 $\sigma_H>\sigma_v>\sigma_h$。清水压裂的注入排量为30bbl/min，在井筒处裂缝宽度为0.5~0.75in。裂缝难以延伸进入底板，但是会扩展到顶板。顶板中裂缝高度可以达到10~15ft，宽度为⅛in。清水压裂产生的裂缝总长度约2000ft，支撑缝长约1500ft。

泡沫压裂的注入排量为30bbl/min，在井筒处裂缝宽度为2~3in。裂缝可以延伸进入顶板20~30ft。裂缝的长度通常只有700ft，约为清水产生裂缝长度的一半。多数情况下，产生裂缝是倾斜的，倾斜角度为30°~45°，同时还能够产生与主裂缝平行的裂缝。

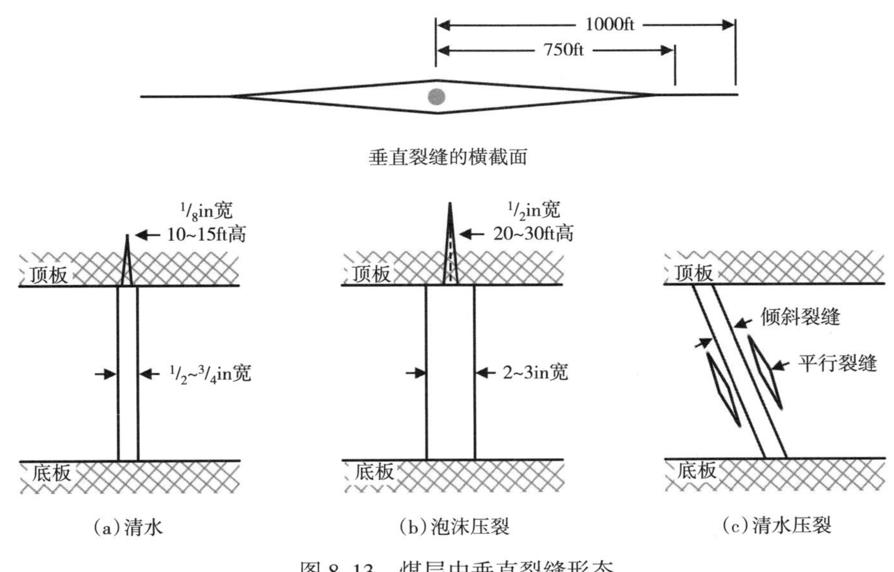

图8.13　煤层中垂直裂缝形态

8.8.2　水平裂缝

图8.14是典型的水平裂缝形态，地层应力满足 $\sigma_H>\sigma_h>\sigma_v$。对浅层煤层实施清水压裂，会在煤层与顶板之间产生水平裂缝，所有的砂子堆积在水平裂缝中。裂缝形状为椭圆形，椭圆的长轴平行于水平最小主应力 σ_h。椭圆的两个轴尺寸为250ft×100ft，裂缝宽度在1~2in之间。

由于产生水平裂缝的煤层气井产量都很低，1500ft以内的煤层一般不进行水力压裂。例如，对8口煤层气直井实施氮气泡沫压裂，由于煤层深度只有1000ft，产生水平裂缝，水力压裂改造后8口井均没有任何产气量。

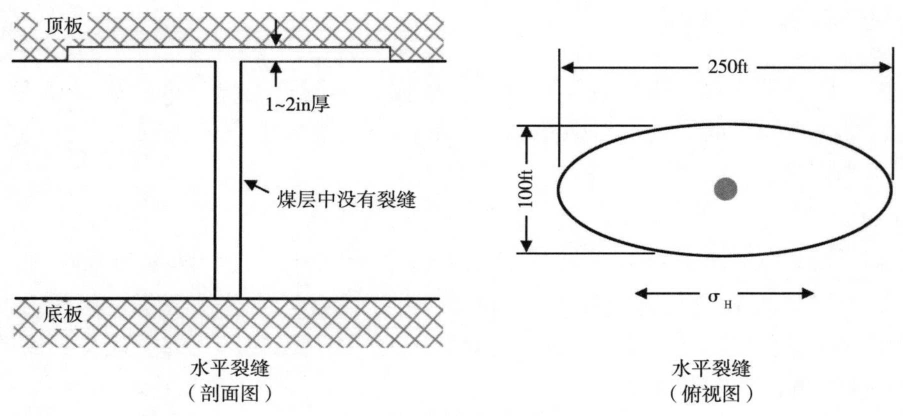

图 8.14　一处典型的水平裂缝

8.8.3　复杂裂缝

在深度为 1500~1800ft 的井中，σ_v 略大于或小于 σ_h，水力压裂能够同时产生水平裂缝和垂直裂缝，这种裂缝称为 T 型裂缝，如图 8.15 所示。

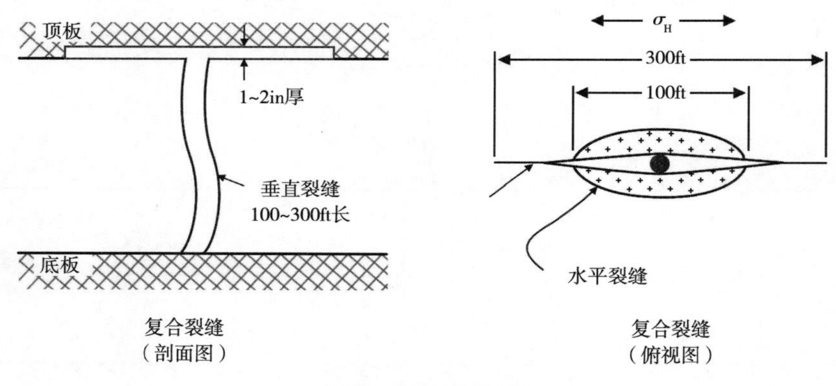

图 8.15　T 型裂缝

由于水平裂缝的存在，使垂直裂缝长度减小，并且水平裂缝长度也受到一定限制。典型的 T 型裂缝的总长度仅为 100~300ft。

8.8.4　低压力梯度井中水力压裂

在阿巴拉契亚盆地中部，当井间距很小时（20~40acre/well），相邻井裂缝会连通，压力梯度低于 1.3，使得压裂增产效果差。可以使用 80~100 目压裂砂进行有效堵塞，防止两条裂缝连通。

8.8.5　矿井裂缝监测

对煤矿中的煤层进行水力压裂时，观察人员在煤矿巷道中观察到以下情况。

（1）开始听到了岩石破裂的声音。

（2）小裂缝（宽度小于 1/16 in）延伸进入顶板。

（3）巷道壁面有水流出，观察到了垂直裂缝。

（4）在裂缝中发现了细砂（80~100 目）。

（5）裂缝延伸到巷道壁后延伸停止。另一侧继续扩展，直到施工结束。

参考文献

[1] Nolte K G. Determination of fracture parameters from fracturing pressure decline; SPE Paper 8341, presented at the 54th Annual Meeting of SPE, Las Vegas, Nevada, 1979: 23-26.

[2] Perkins T K, Kern LR. Widths of hydraulic fractures. J Petrol Technol, 1961: 937-949.

[3] Geertsma J, DeKlerk F. A rapid method of predicting width and extent of Hydraulic Induced Fracture. J Petrol Technol, 1969, 1571-1581.

[4] Warpinski N R. Propagating hydraulic fracture; Paper 11648, presented at the SPE/DOE Symposium on Low Permeability Reservoirs, Denver, Colorado; March 14-16, 1983: 23-26.

[5] Craft BC, Hawkins M F. Applied petroleum reservoir engineering. Prentice Hall Inc. 1959: 437.

第9章 煤层气水平井钻井技术

煤层气采用直井和水力压裂的最大深度为3000~3500ft。对于更深的煤层气资源，需要从地面钻水平井并结合大规模水力压裂方法实现有效开采。大约40年前，在煤矿开采区内钻水平井眼主要用于释放煤层甲烷，设备包括：(1) 钻机；(2) 辅助设备；(3) 液体过滤系统；(4) 钻井导向系统；(5) 井眼轨迹监测系统。钻井过程中测试及监测数据通过电信号或电磁及声波信号传输到钻机控制系统中。本章介绍了地面钻机和煤矿巷道中钻机组成，操作流场和不同井深的套管配制。分析了水平段长为5000ft水平井的水力压裂泵注程序。

在煤层中钻水平井是指在5~60ft厚煤层中部钻一个长3000~5000ft的水平井眼。可分为两类，地面水平井钻井和的煤矿中水平井钻井。前者用于煤层气商业开采，后者用于释放煤层中甲烷气体。两种钻井方法所用的设备截然不同。

9.1 煤矿中水平井钻井

在煤矿中钻水平井是最经济最有效的释放煤层中甲烷的方法，通常井眼直径为3~4in，长度可以达到3000~5000ft[1]。钻机由美国Fletcher公司生产，已在美国、中国、印度、澳大利亚和南非等产煤国家得到了广泛应用。水平井眼还用于煤层排水、断层识别和地质勘探[2-3]。

钻井设备包括：钻机、辅助设备、钻井导向系统和井眼轨迹监测系统。钻机提供钻井所需的扭矩和动力。辅助装置提供高压液体驱动马达、携带钻屑和过滤液体。钻井导向系统依据钻井要求引导及保持钻头在煤层中。井眼轨迹监测系统用于测量井斜角、井斜角增加量和方位角，以及井眼与煤层顶板和底板距离。

9.1.1 钻机

图9.1是钻机。钻机底盘含有四个液压驱动的滚轮，直径为15~18in。驱动电机是50马力的防爆电机。当钻机置于煤矿巷道中，防爆电机断开，辅助装置的液压电源接通。调

图9.1 煤矿钻机

整钻机底盘四个液压支架高度，使钻机高度达到钻井要求。调整钻机上部两个5in液压支架，使其与巷道顶部岩石接触，从而固定钻机。

钻机内有送钻机构和控制台。送钻机构在钻机中心位置，单次送进长度为12ft，横向摆动角度范围±17°。钻杆可以从侧面或后端进入送钻机构中。送钻机构尺寸参数见表9.1。

表9.1 送钻机构尺寸参数

高速	扭矩 r/min=850	5000 lb · in
低速	扭矩 r/min=470	11000 lb · in
驱动力	30000 lb（40000 lb 起钻）	
最大进料速率	10~20 ft/min	
总尺寸	长度=16ft 宽度=8ft 高度=4ft	
有轨电车最大速度	1.2mile/h	

Jones 和 Thakur[4] 计算了钻长水平井所需扭矩、钻压。

（1）在非旋转模式下：

$$\gamma = -2764 + 8.36x_1 + 46.5x_2 + 4376x_3 \tag{9.1}$$

（2）在旋转模式下：

$$\gamma = -236.5 + 418.4x_3 + 1.73x_4 \tag{9.2}$$

（3）所需最小扭矩：

$$x_4 = 224.2 + 0.22x_1 + 0.3\gamma \tag{9.3}$$

式中 γ——拉力，lb；

x_1——井眼长度，ft；

x_2——钻井马达驱动压差，psi；

x_3——钻速，ft/min；

x_4——扭矩，lb · in。

9.1.2 辅助设备

辅助设备的底盘与钻机相同，驱动电机由两台50马力的防爆电机组成。它装有一个甲烷探测器，以便在预设的甲烷浓度下切断电源。该装置没有锚定装置，主要包括液压动力装置、钻井液循环泵、电机控制柜、电缆卷筒、液体存储罐和钻井液过滤系统，如图9.2所示。

图9.3是钻井液过滤系统原理图。液体存储罐尺寸为10ft×3.5ft×3ft，用于回收钻井液体中钻屑和液体。液罐中需要加入表面活性剂消除回收液体产生的泡沫。挡板收集不同颗粒直径的钻屑，并使其沉降。沉降后的钻屑被螺旋送料机构携带出液罐。钻屑沉降后钻井液进入储水罐时再次过滤成为可循环利用的清水。气体通过液罐上部出口进入甲烷收集管线。

图 9.2　辅助设备

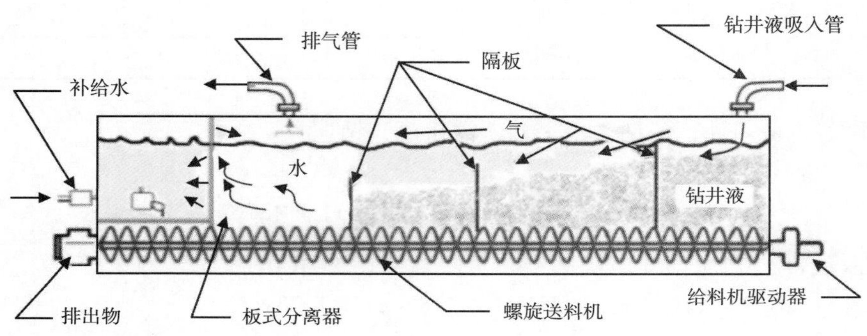

图 9.3　钻井液过滤系统

钻井液循环泵是一个三缸往复泵，在工作压力 900psi 下的排量可以达到 70gal/min。在旋转模式下，需要保证环空流体速度达到 3ft/s，在非旋转模式下，环空流体速度为 5 ft/s。液压动力机组由多个液压齿轮马达组成，在工作压力为 2500psi 时液压油排量达到 80gal/min。

9.1.3　钻井导向系统

在 5~6ft 厚的煤层中钻水平井，水平段长度达到 200ft 左右，井眼会弯曲进入煤层顶板或底板。为了防止井眼轨迹发生弯曲保证煤层钻遇率，需要安装钻井导向系统。钻井导向系统分为旋转导向和非旋转导向两种，如图 9.4 和图 9.5 所示。

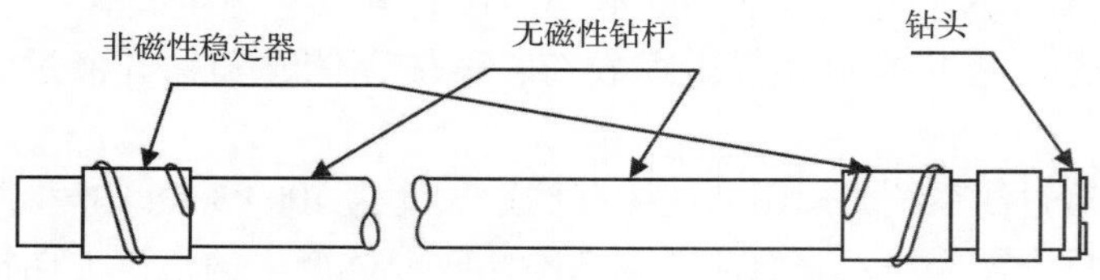

图 9.4　旋转导向系统

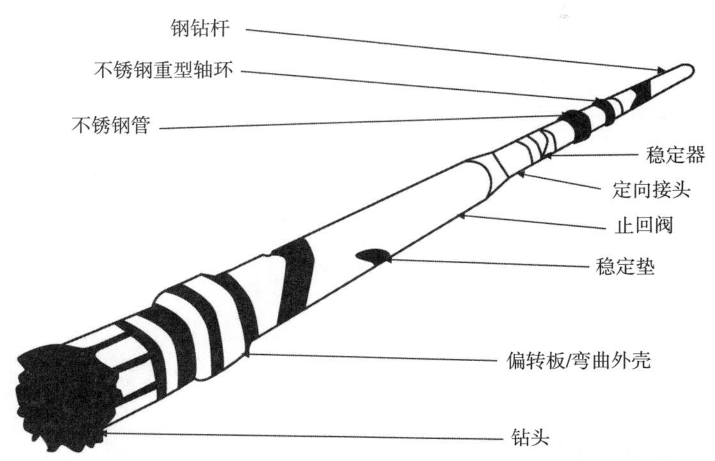

图 9.5 非旋转导向系统

9.1.3.1 旋转导向系统

在旋转模式下，钻井提供钻杆旋转的扭矩和动力。钻头后方有两个非磁性稳定器，二者相隔 10~20ft，如图 9.4 所示。在第一个稳定器内部装有井眼轨迹测量装置，获取井斜角、井斜角增加量和方位角。

井眼轨迹受两组变量影响：钻具组合和钻头与岩石之间的相互作用。由于煤层非均质性很强，钻头破碎煤层岩石时很难准确预测井眼轨迹变化方向，并且钻井压力大小会造成钻头上下移动，使得井眼轨迹产生变化。例如，用 4ft 直径钻头钻 500ft 长水平井眼，井斜角增加量和 $\Delta\theta$ 和钻压 T 之间的关系为：

$$\Delta\theta = 6 \times 10^{-5} T - 0.30121 \tag{9.4}$$

式中 $\Delta\theta$——井斜角增加量，(°) /10ft；

T——钻压，lb。

不同类型钻头得到的井斜角度变化存在差异。通过优选转速、钻压、钻头等参数，可以控制井眼轨迹。刮刀钻头易于控制但是难以用于硬地层。三牙轮钻头可以用于大多数地层但是井眼轨迹较难控制。金刚石钻头需要扭矩大，钻孔深度可以超过 3000ft。旋转钻井系统最大缺点是无法在水平面上控制钻具方向，应用受到极大限制。

9.1.3.2 非旋转导向系统

为了解决旋转钻井系统缺陷，设计了一种非旋转钻具组合。它由钻头、造斜装置和钻井马达组成，如图 9.5 所示。造斜装置通过弹簧产生侧向恒定的推力。推力方向与井眼轨迹设计方向相同，推力大小通常为 50~100 lb。理想情况下，在煤层中每 10ft 井斜角增加 0.5°以下。由于造斜装置容易被煤屑堵塞，可以使用具有一定斜度的钻井短节替代造斜装置。

9.1.4 井眼轨迹监测系统

为使钻井井眼始终在煤层中，需要掌握钻头距离煤层顶板和底板的位置以及钻头倾角。在非旋转钻井中，还需要掌握井斜角增加量和方位角。如果在煤矿开采区钻井，需要防止井眼干扰煤矿开采。

图 9.6 展示了井眼轨迹监测系统的基本组成，监测器、便携式数据采集和显示器。监测器是一个由电池供电的微处理数据采集系统，安装在一个 12ft 长铜铍短节中，该短节安装在井下马达后面。监测器中的三轴磁力仪测量磁性方位角，加速度仪测量井斜角和井斜角增加值，伽马探测器用于探测煤层顶板和底板伽马值计算钻头距离二者间距。内嵌式处理程序用于收集测试数据，将数据处理后以声波信号形式通过钻杆传输至井口。在井口安装有磁性数据收集器，用于收集数据信号并按顺序显示在屏幕中。所有的电磁零件外部都有防爆铝管密封，可以防水和承受外力。

最近，研究出一种新型内嵌电缆的钻杆。钻杆相互连接后可以用于传输数据，这使得监测系统应用最大井深达到 5000ft。

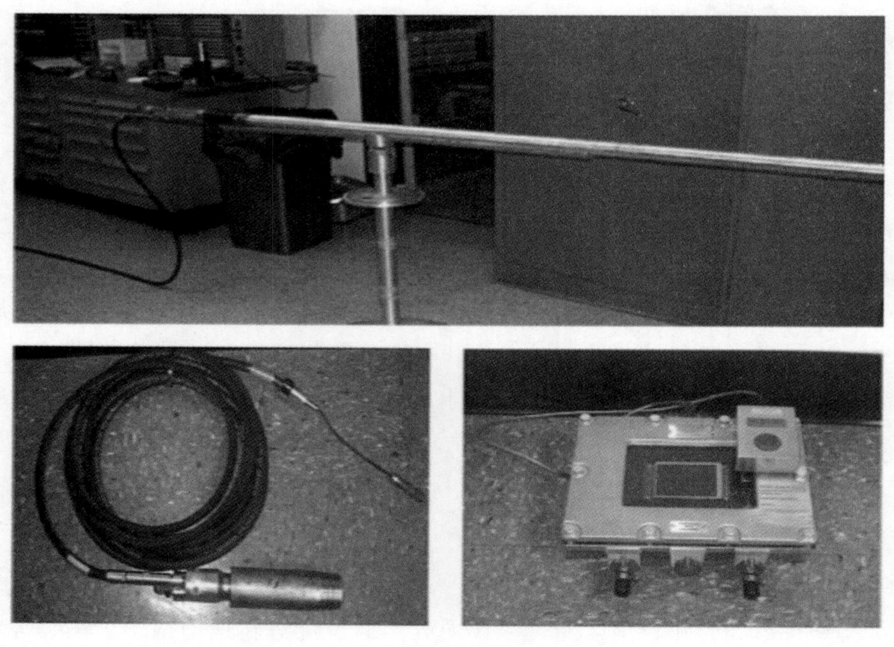

图 9.6　井眼轨迹监测系统

便携式数据采集和显示器由电池供电，经 MSHA 认证可用于煤矿井中。显示器可以实时地分析数据并存储各类数据。存储部分由一些固态存储组件组成，用于存储井眼轨迹数据，还可将数据传输至专用处理计算机中绘制井眼轨迹，并在煤矿开采区中标注，避免干扰煤矿开采。

如果在旋转模式下钻井，显示器可以显示垂直深度、水平位移和钻井参数，如水压和转速。井口安装有磁耦合压电晶体接收井眼监测器上传的数据，该压电晶体将声音信号转换为电信号，并将电信号存储在显示单元存储器或硬盘中。接收到的每个数据包包括井斜角、井斜角增量、方位角和每分钟的伽马射线数。显示器存储器最多可存储 200 组数据。

9.1.5 钻井工艺

用缆车将钻机运送至指定位置。调整送钻机构，使其与井眼入口夹角为15°~20°。通过液压支架锚定钻机。首先在煤层中间钻一个直径为5in、深20ft的孔，然后下入一根外径为4in钢管，并注入水泥固井。将井口与钢管连接，如图9.7所示。

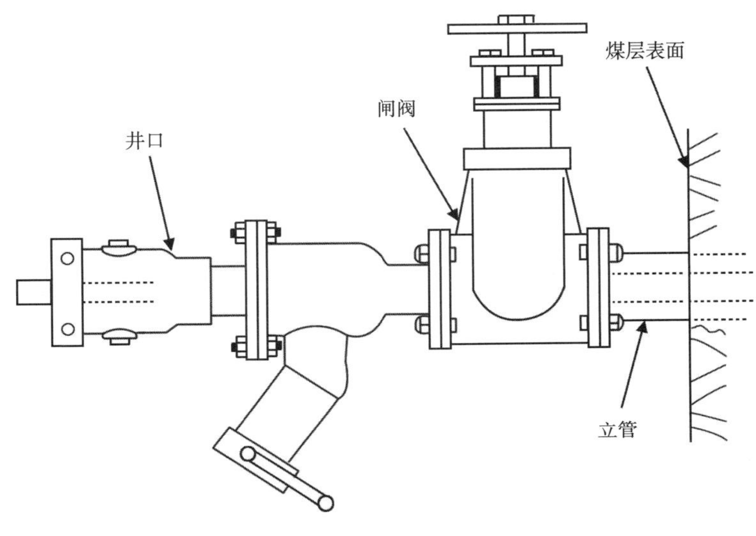

图9.7 井口组件

井口可以保证钻屑、气体和返回液体在不发生泄漏情况下返排到辅助设备的液罐中。为有效控制钻井过程中大量气体或地下水瞬间涌出，在井口和煤层表面之间安装一个蝶阀，能够快速切断井口与井眼。辅助设备安装在钻机后方。如果返排出的甲烷气体浓度超过辅助设备要求，需要将辅助设备安装在通风处。为保证井眼轨迹准确，钻进30ft需要测量一次井眼轨迹。考虑甲烷气体释放速度，井眼直径通常为3~4in。如果使用金刚石钻头，钻进2000ft后需要更换钻头。

9.1.6 性能数据

西弗吉尼亚州北部的匹兹堡煤矿中钻机参数见表9.2。

表9.2 钻机参数

机器的设置（包括水、电、液压连接）	1挡位
钻锚管孔、固井钻孔、测试钻孔	1挡位
钻2000ft孔并岩屑处理	5挡位
钻孔与下入钢管	1挡位
总时间	8挡位

图9.8绘制了一个典型井眼轨迹。

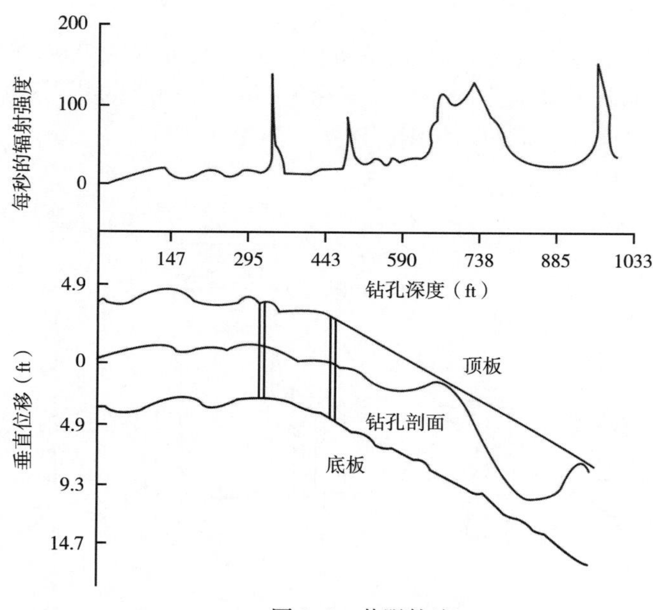

图 9.8 井眼轨迹

9.2 地面水平井钻井

在过去的 15 年中，从地面钻水平井技术得到很大发展。该技术可以实现浅层煤层气或深层煤层气的商业开采。浅层煤层中水平井不需要水力压裂，因为自然渗透率很高。在深层煤层中，需要在水平段进行多级压裂提高产气量。

9.2.1 钻井工艺

将带顶驱、钩载为 185000 lb 钻机运至井场。钻一个深度为 30~40ft 井眼，下入直径为 20in 的表层套管并注入水泥固井。然后，钻一个深度为 600ft、直径为 17½in 的井眼，下入 13 ⅜in 套管并注入水泥固井。接下来，将 12¼in 的井眼钻至 3000ft 深度，下入 9⅝in 套管，注入水泥固井。

更换钻机，钩载达到 318000 lb。安装 9⅝in 套管头和防喷器。

配制 8¼in 金刚石钻头和 6½in 钻铤。对井口、地面管线进行压力测试使其符合安全要求。将井眼钻至目标煤层下部 100~200ft，然后测井并选择造斜位置。假设造斜点在 7500ft，直井中水泥固结深度需要达 6000ft。下入钻井导向器使井眼延伸到 7500ft 处。使用造斜角度为 2°造斜短节可以实现每 100ft 井斜角在 8°~12°之间。钻煤层时，使用泡沫钻井液。钻井深度达到设计要求后，下入 5½in、P-110 的套管进行固井。图 9.9 是典型煤层气水平井井深结构图。

9.2.2 水平井水力压裂

表 9.3 为 3000ft 长水平段中 5 级水力压裂施工参数。总共使用了约 97000bbl 滑溜水和 3500000 lb 砂子。

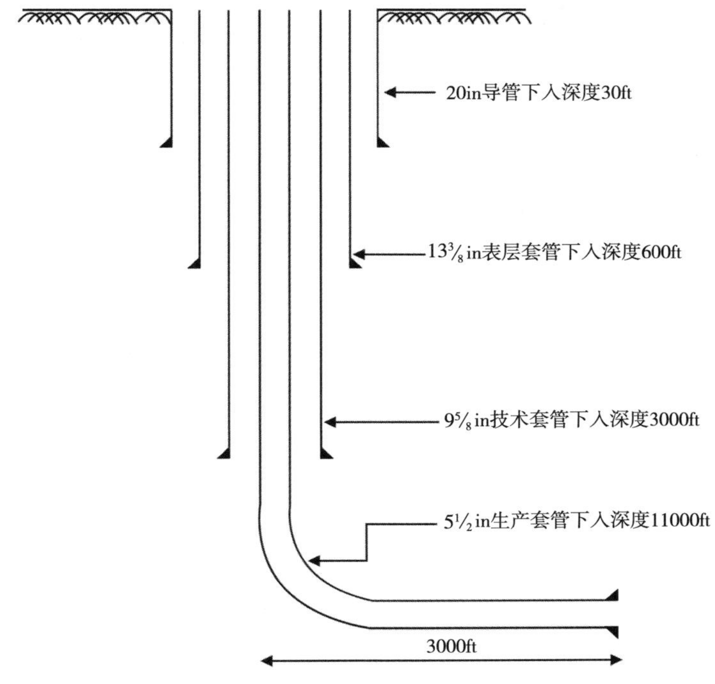

图 9.9 典型煤层气水平井井深结构

表 9.3 3000ft 长水平段中 5 级水力压裂

级数	液体体积 (bbl)	砂子 (b)		排量 (bbl/min)
		100 目	40/70 目	
1	20000	180000	500000	102
2	19000	170000	510000	105
3	21000	190000	480000	101
4	18000	180000	470000	106
5	19000	160000	510000	106
总计	97000	880000	2470000	

参 考 文 献

[1] Thakur P C, Poundstone W N. Horizontal drilling technology for advance degasification. Min Eng, 1980: 676-680.

[2] Thakur P C, Davis J G. How to plan for methane control in underground coal mines. Min Eng, 1977: 41-45.

[3] Thakur P C, Dahl H D. Horizontal drilling—a tool for improved productivity. Min Eng, 1982: 301-304.

[4] Jones E, Thakur P C. Design of a mobile horizontal drill rig, Proceedings of the 2nd Annual Methane Recovery from Coalbeds Symposium, Pittsburgh, PA, 1979: 185-193.

[5] Cervik, et al. Rotary drilling holes in coalbeds for degasification. RI 8097: US Bureau of Mines, 1975.

[6] Rommel R, Rives L. USBM Contract No. H0111355 Advanced techniques for drilling 1,000-ft all diameter horizontal holes in coal seams. Tulsa, Oklahoma: Fenix and Scisson Inc. 1973.

第 10 章　浅层煤层气生产技术

煤层性质主要与深度有关，可将煤层划分为浅层、中浅层和深储层。美国的四个煤炭盆地即粉河盆地，切诺基盆地，伊利诺斯盆地和阿巴拉契亚北部盆地，属于浅层煤层，产气量占美国煤层气产量的 22%。粉河盆地中煤层深度不到 1000ft，煤层厚度大，含气量约为 $75ft^3/t$。通常使用高压水力喷砂射孔进行射孔。只有少数井需要水力压裂改造。平均单井产量为 $150×10^3ft^3/d$，盆地年产气量为 $280×10^9ft^3$。

切罗基盆地是位于俄克拉荷马州、堪萨斯州和密苏里州交界处的一个小盆地，含气量为 $200ft^3/t$，直井水力压裂改造后产量为 $250×10^3ft^3/d$，年产量仅为 $5×10^9ft^3$。

伊利诺斯盆地位于伊利诺斯州，印第安纳州和肯塔基州，是煤层气含量最少的盆地。直井水力压裂改造效果不明显，年煤层气产量不足 $1×10^9ft^3$。

阿巴拉契亚盆地北部主要位于宾夕法尼亚州和西弗吉尼亚州，煤层气储量为 $61×10^{12}ft^3$。对于深度为 1200ft 的煤层，采用水平井、直井和水力压裂进行开采。水平井产量为（300～600）$×10^3ft^3/d$，直井为 0～$75×10^3ft^3/d$。深度为 3000～5000ft 煤层采用水平井，但不进行水力压裂改造。

煤层性质主要与深度有关，可将煤层划分为浅层、中浅层和深储层。储层的主要特征见表 10.1。

表 10.1　储层特征

储层类型	近似深度（ft）	渗透率（mD）	应力场
浅层	500～1500	10～100	$\sigma_H>\sigma_h>\sigma_v$
中层	1500～3300	1.0～10	$\sigma_H>\sigma_v>\sigma_h$
深层	>3300	0.1～1.0	$\sigma_H>\sigma_v>\sigma_h>$①

①如第 5 章所述，这一般规则有一些例外。

美国的煤层气储量巨大，约为 $400×10^{12}ft^3$，最高年产量为 $2×10^{12}ft^3$。由于页岩气产量的增加，在 2015 年煤层气产量下降到 $1.4×10^{12}ft^3$，见表 10.2[1]。图 10.1 为美国煤层气开采区。

表 10.2　美国煤层气产量分布（2015 年）

储层类型	盆地	产量（$10^9ft^3/a$）
浅层	粉河盆地	280
	切诺基	5
	伊利诺伊	1
	阿巴拉契亚北部	10
中层	阿巴拉契亚中部	94
	沃里尔阿巴拉契亚	52
	拉顿	105
	阿科马	100

续表

储层类型	盆地	产量（$10^9 ft^3/a$）
深层	圣胡安	650
	尤伊塔	40
	皮切斯	5
	格林河	20
总产量		$1.362 \times 10^{12} ft^3/d$

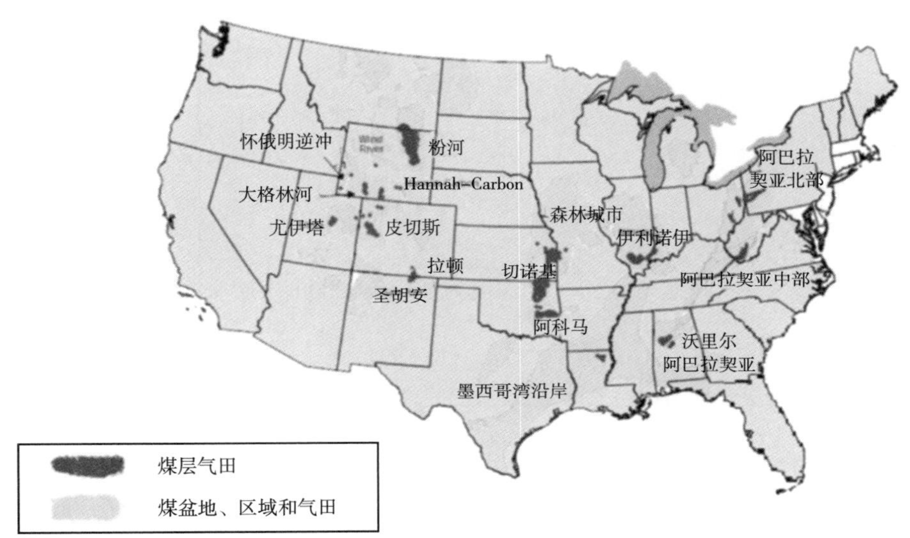

图 10.1　美国煤层气生产领域

10.1　煤层气产量

Thakur[2]定义了“产量比”用于评价煤层的产气量。该参数是初始产气量与煤层中 100ft 长水平井眼之比。表 10.3 列举了美国一些煤层的产量比[3]，可以用于计算各个盆地的初始产量。

表 10.3　煤层气产量比

煤层	深度 (ft)	级别	产量比 [$10^3 ft^3/(d \cdot 100ft)$]
Pittsburgh	500	高挥发性物质含量	15.00
Pocahontas 3 号煤	1400	低挥发性物质含量	8.00
Blue Creek/Mary Lee	1400	低挥发性物质含量	9.00
Pocahontas 4 号煤	800	中挥发性物质含量	5.00
Sunnyside	1400	高挥发性物质含量	9.00

10.2　粉河盆地

该盆地位置如图 10.2 所示。煤层气生产层位深度为 200～600ft。煤层渗透率很高，孔隙压力梯度为 0.26～0.29psi/ft，煤层净厚度为 170～300ft，含气量较低在 70～80ft^3/t。煤阶从褐煤到亚烟煤。目前，该盆地有 1 万多口煤层气井，年产量约为 $280\times10^9ft^3$。

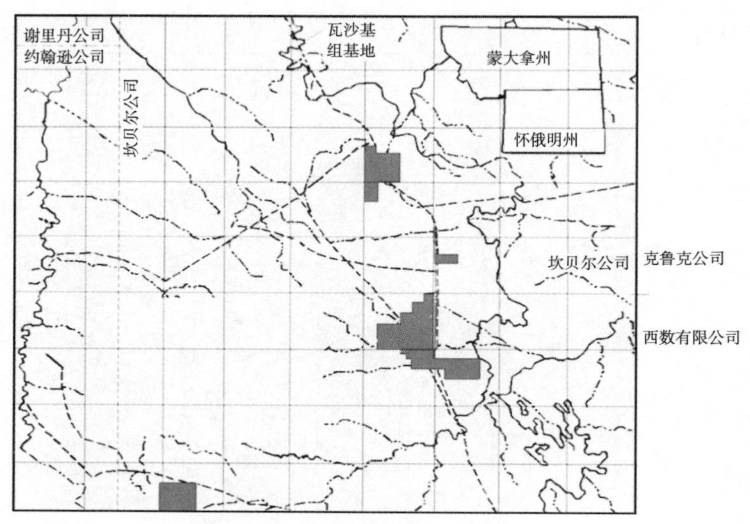

图 10.2　粉河流域主要煤层气田

使用车载钻机可以在一天之内完成钻井和完井。联合堡煤层一般采用裸眼完井，产气量范围在（50～300）$\times10^3ft^3$/d 之间。煤层含水率很高，典型的产水量为（200～400）bbl/d。由于水力压裂产生水平裂缝，只有少数井实施小规模水力压裂改造（少于 15000gal 水和约 10000 lb 砂）。

多口水平井与直井连通技术可以提高产气量，如图 10.3 所示。首先钻一口直径为 15～

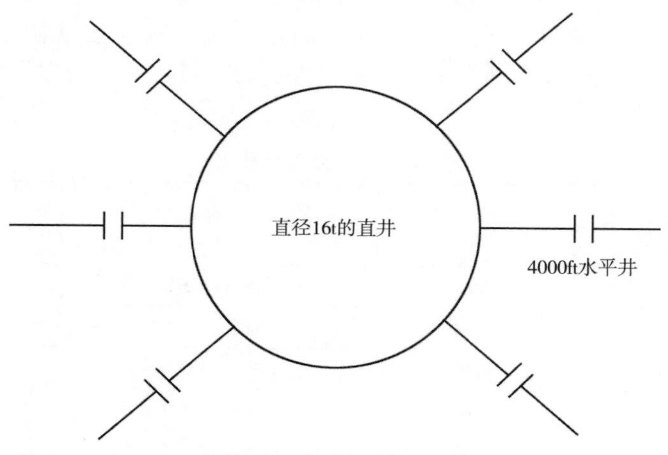

图 10.3　井底水平生产钻井

16ft 直井，然后钻多口水平井与直井连通。如果煤层产量比为 $4\times10^3ft^3/(d\cdot100ft)$，钻 6 口水平段长度为 4000ft 水平井，直井产量可以达到 $1\times10^6ft^3/d$。

10.3 切诺基盆地

该盆地面积很小，位于俄克拉荷马—堪萨斯—密苏里州边界附近，如图 10.1 所示。产气层深度为 600~1200ft，平均含气量约为 $200ft^3/t$。

直井经过水力压裂改造后产量可以达到 $250\times10^3ft^3/d$。水平段长度为 4000~5000ft 的水平井产量很高。威尔—匹兹堡的煤层渗透率高，产量比为 $15\times10^3ft^3/(d\cdot100ft)$。目前，该盆地煤层气年产量约为 $5\times10^9ft^3$。

10.4 伊利诺伊盆地

图 10.4 显示了该盆地煤层气生产区。该盆地的煤层含气量为 $30\sim150ft^3/t$，1500ft 以内煤层气总储量约为 $21\times10^{12}ft^3$。

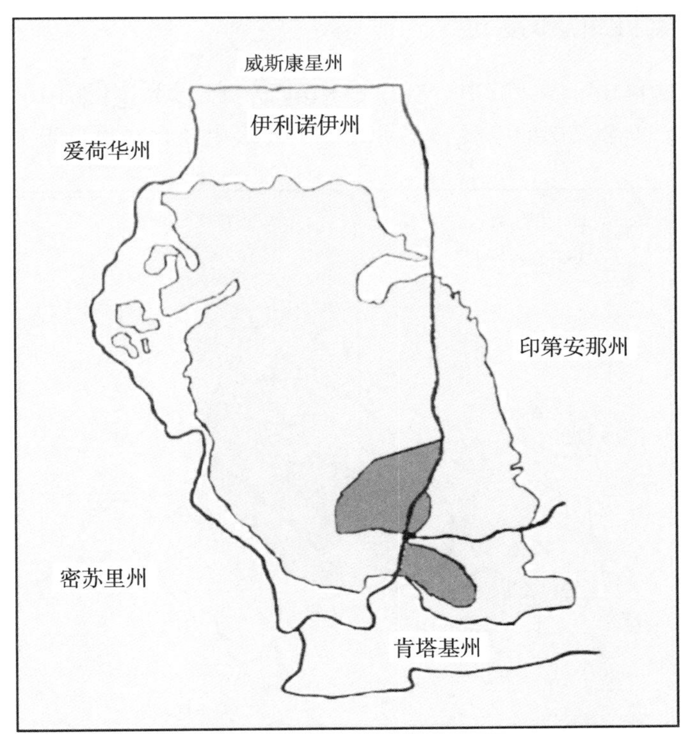

图 10.4 伊利诺伊盆地煤层气生产区域

采用多口水平井与直井连通是该盆地煤层气最佳开采技术。例如，直井使用 $9\frac{5}{8}$in 套管完井，利用高压射流对煤层进行扩孔，形成直径为 46ft 的洞穴，然后钻多口水平段长为 4000~5000ft 的水平井与洞穴连通，如图 10.5 所示。假设水平段总长 20000ft，产量比为 $6\times10^3ft^3/(d\cdot100ft)$，初始产量能够达到 $1.2\times10^6ft^3/d$。目前，该盆地煤层气年产量约为 $1\times10^9ft^3$。

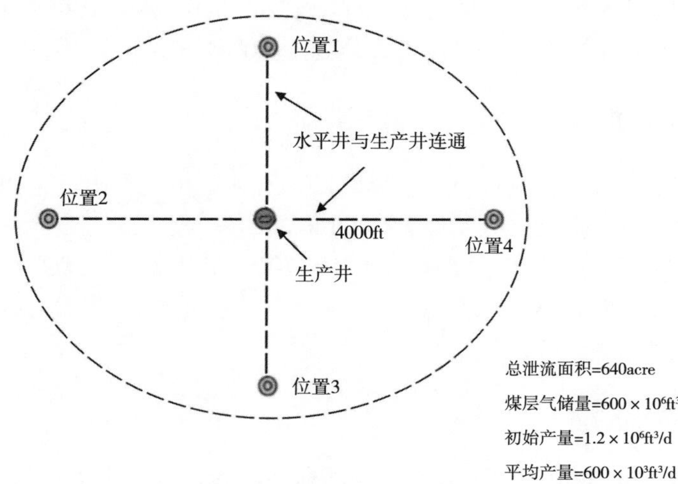

图 10.5　伊利诺伊盆地的煤层气生产计划

10.5　阿巴拉契亚北部盆地

该盆地约有 3520×10^{8}t 煤，其中含有约 61×10^{12}ft^{3} 煤层气，如图 10.6 所示。2000ft 以内煤层总厚度为 28ft，单个煤层的厚度为 5~15ft。主要煤层及含气量见表 10.4。

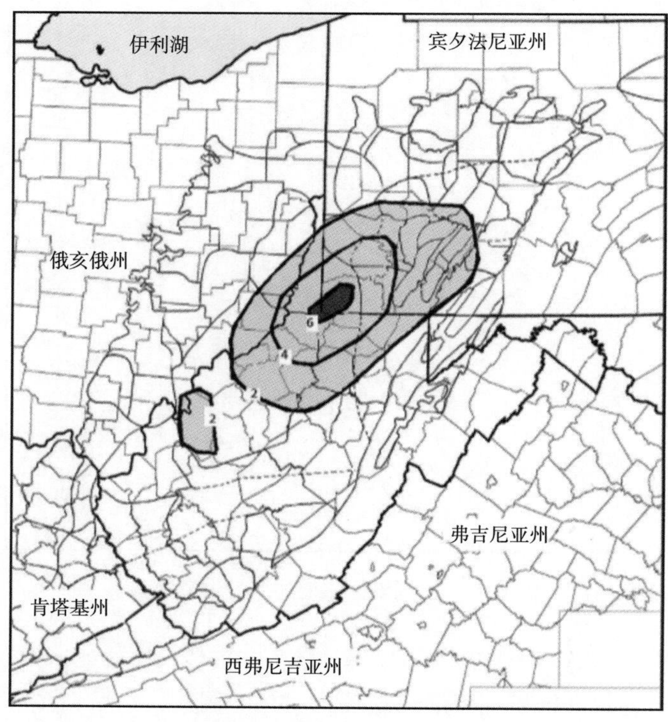

图 10.6　阿巴拉契亚北部煤田

表 10.4 阿巴拉契亚盆地北部主要煤层

煤层	等级	深度（ft）	煤层气总储量（$10^{12}ft^3$）
Pittsburgh	高挥发性物质含量	500~1200	7.0
Freeport	高挥发性物质含量	400~1600	15.5
Kittanning	高挥发性物质含量	800~1600	24.0
Brookrille/Clarion	高挥发性物质含量	800~2000	11.0

Freeport 和 Pittsburgh 煤层属于浅层煤层，目前使用生产技术为：

（1）直井和水力压裂。直井完井深度在 800~1000ft，日产气 $75\times10^3ft^3$，日产水 300bbl。

（2）地面水平井钻井。利用分支水平井技术开采煤层气，如图 10.7 所示。如果水平段长 3000ft，水平段间距 1000ft，煤层气产量相当于一个 9000ft 水平段产量。当煤层渗透率很高时，三个水平段分支相当于一个 3000ft 的水平井，产量大幅降低。由于煤层接触面积增加，分支井产气量明显高于直井水力压裂后的产量。

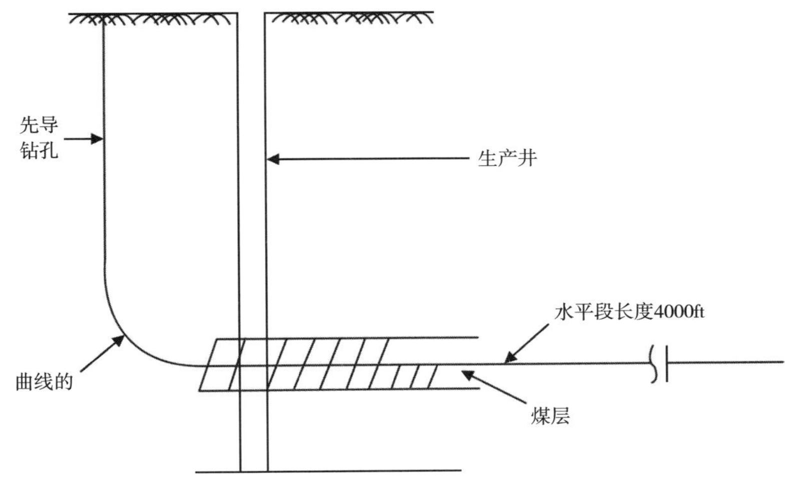

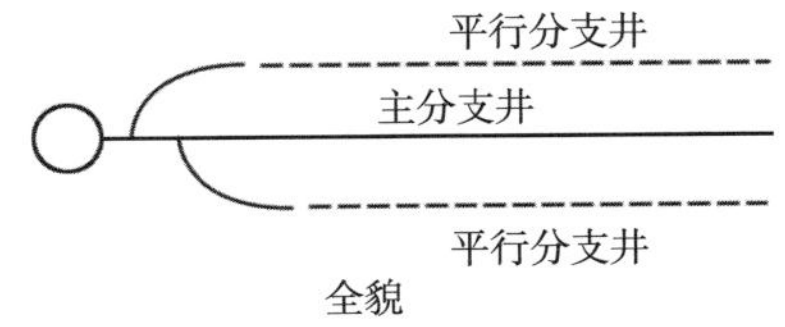

图 10.7 宾夕法尼亚州西南部煤层气生产计划

（3）多口水平井与直井连通。如果钻 6 口水平井与直井连通，水平段长度为 4000ft。水平段总长度为 24000ft，可以实现 $3.6\times10^6ft^3/d$ 的初始产量。

参考文献

[1] EIA. Coal Bed Methane Proved Reserves. Washington, DC: Energy Information Administration, 2014. (www. eia. DOE. gov).

[2] Thakur P C. Optimized degasification and ventilation for gassy coal mines, The Ninth International Mine Ventilation Congress, New Delhi, India, 2009.

[3] Thakur P C, et al. Horizontal drilling technology for coal seam methane recovery, The Fourth International Mine Ventilation Congress, Brisbane, Australia, 1988.

第 11 章　中深层煤层气生产

阿巴拉契亚中央盆地、勇士盆地、阿科马盆地和拉顿盆地煤层气产量约占美国煤层气总量 25%。煤层深度在 1500～3000ft 之间，煤层很薄，一口直井中含有多个煤层，需要对每个煤层进行压裂改造。

（1）阿巴拉契亚盆地中部：最具生产力的地区位于弗吉尼亚州西南部和西弗吉尼亚州南部。直井中有多个煤层，需要进行水力压裂改造，初始产量为 $450 \times 10^3 ft^3/d$。煤层气储量为 $21 \times 10^{12} ft^3$，目前年产量为 $98 \times 10^9 ft^3$。

（2）沃里尔盆地：主要位于阿拉巴马州和密西西比州，只在阿拉巴马进行了煤层气开采。储量 $21 \times 10^{12} ft^3$，年产量 $51 \times 10^9 ft^3$。1992 年产量达到最大 $92 \times 10^9 ft^3$。

（3）阿科马盆地：位于俄克拉荷马州和阿肯色州。盆地面积约有 $13500 mile^2$，煤炭储量仅为 $80 \times 10^8 t$。煤层很薄，含气量很高，煤层气储量约有 $3 \times 10^{12} ft^3$，目前年产量为 $100 \times 10^9 ft^3$。

（4）拉顿盆地：位于科罗拉多州东南部和新墨西哥州西北部。煤层气总储量为 $11 \times 10^{12} ft^3$，年产量 $105 \times 10^9 ft^3$。

如图 10.1 所示，有四个盆地的煤层埋藏深度在 1500～3000ft 之间：阿巴拉契亚盆地中部、沃里尔盆地、阿科马盆地、拉顿盆地。

11.1　阿巴拉契亚盆地中部

该盆地很窄，东北走向，面积约为 $23000 mile^2$。在弗吉尼亚州西南部和西弗吉尼亚州南部，只有 $5000 mile^2$ 的区域具有煤层气生产潜力，如图 11.1 所示。煤阶从中级到低级，含

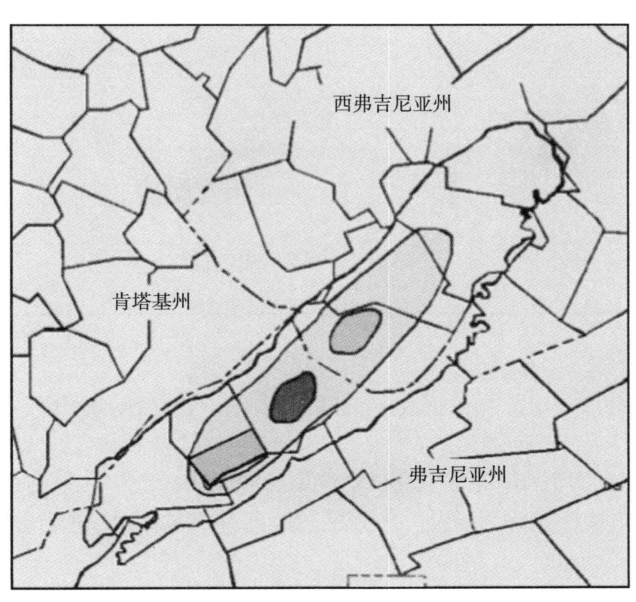

图 11.1　阿巴拉契亚中部盆地

气量为 300～650ft³/t，单个煤层厚度为 4～6ft。2500ft 处的煤层总厚度约为 30ft。煤层参数见表 11.1。

表 11.1　阿巴拉契亚盆地中部可采煤层特征

煤层	深度（ft）	厚度（ft）	气体含量（ft³/t）
Jaeger	400～600	5	400～600
Beckley/Firecreek	600～1200	5	500～550
Pocahontas 3#	1200～1500	4-6	300～600
Pocahontas 4#	1500～2500	5-6	450～650

1984 年 11 月 15 日，第一次对波卡洪塔斯 3 号煤层实施水力压裂改造，压裂排量为 30bbl/min，注入滑溜水 100000gal 和压裂砂 120000 lb，初始产量为 100250×10³ft³/d。

图 11.2 是一口典型井的生产曲线。该井有 3 个生产层，总厚度约 20ft。压裂液体采用 70%的氮气泡沫与 60000gal 水混合，以 35bbl/min 排量注入 1.5×10⁶ft³ 的氮气和 200000 lb 压裂砂。该井最高产量为 450×10³ft³/d，年产量下降约 15%，经过 15 年开采，累计产量约有 1.2×10⁹ft³，采收率约为 67%。

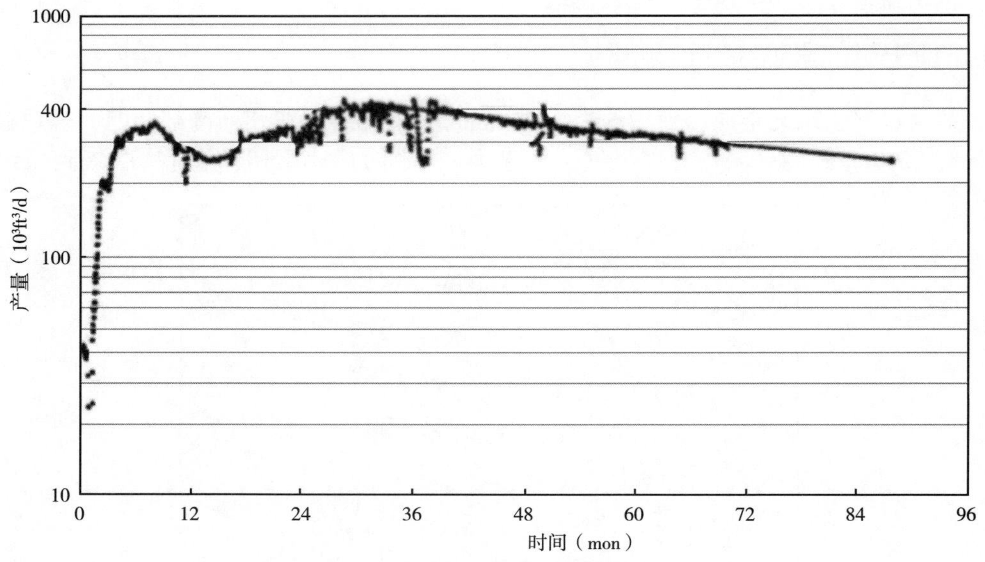

图 11.2　阿巴拉契亚盆地中部多煤层气井的典型产量

对该盆地埋深小于 1500ft 煤层采用水平井开采煤层气。埋深达到 2000ft，采用水平井和多级水力压裂技术。当深度超过 2000ft，对直井多个煤层进行水力压裂改造更加经济有效。

11.2 沃里尔盆地

沃里尔盆地呈三角形，面积约 12000mile^2，位于亚拉巴马州和密西西比州之间，如图 11.3 所示。20 世纪 90 年代中期，有 2000 口煤层气井，产量最高达到 92×10^9ft^3/a，2015 年下降为 51×10^9ft^3/a。主要煤层的深度和含气量见表 11.2。

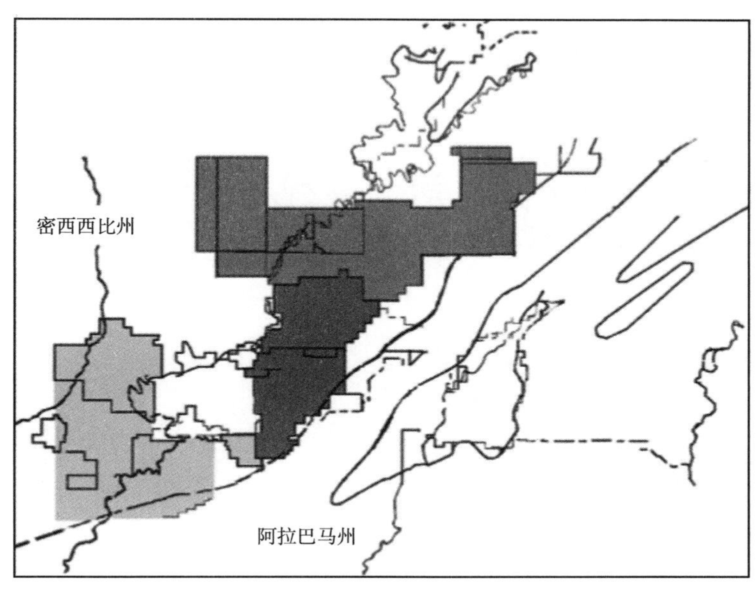

图 11.3 沃里尔盆地的煤层气产区

表 11.2 沃里尔盆地的主要煤层

煤层	深度（ft）	煤层气含量（ft^3/t）	渗透率（mD）
Pratt	700～2200	200～400	10～15
Blue Creek/Mary Lee	1200～2800	400～500	5～15
Black Creek	1200～3300	450～550	1～10

对直井中多个煤层实施水力压裂改造是煤层气开采的主要方法，如图 11.4 所示。最底部的煤层一般采用裸眼完井，并进行水力压裂改造。上部煤层采用套管射孔完井，然后进行水力压裂改造。单井平均产气量在（100～150）$\times10^3$ft^3/d 之间。

该区域煤层主要有西点、沙溪、胡尔卡溪和石灰溪，共 17 层，总厚度达到 20ft，煤阶为 hvA。深度为 3700ft 以内煤炭储量为 52×10^8t，煤层气储量为 1×10^{12}ft^3。主要采用直井水力压裂改造技术进行煤层气生产。

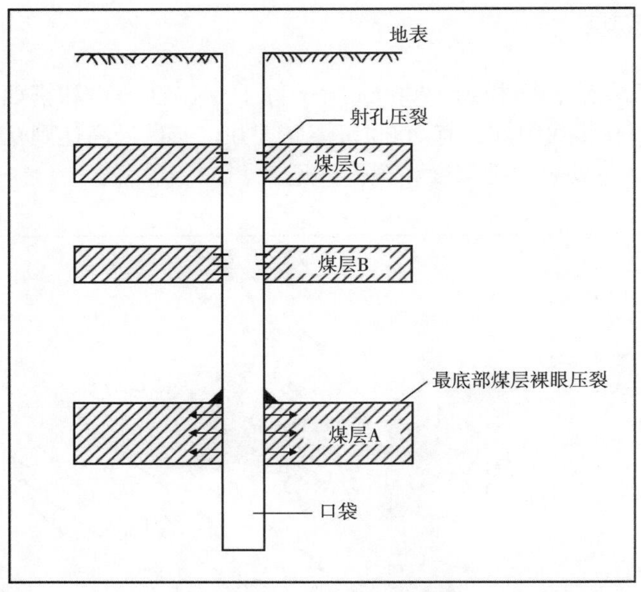

图 11.4 含有多个煤层的直井完井方式

11.3 阿科马盆地

阿科马盆地占地面积约 13500mile^2，如图 11.5 所示。煤炭储量约 80×10^8t。由深到浅主要煤层为：（1）哈瑟恩；（2）萨瓦纳；（3）博吉地层。

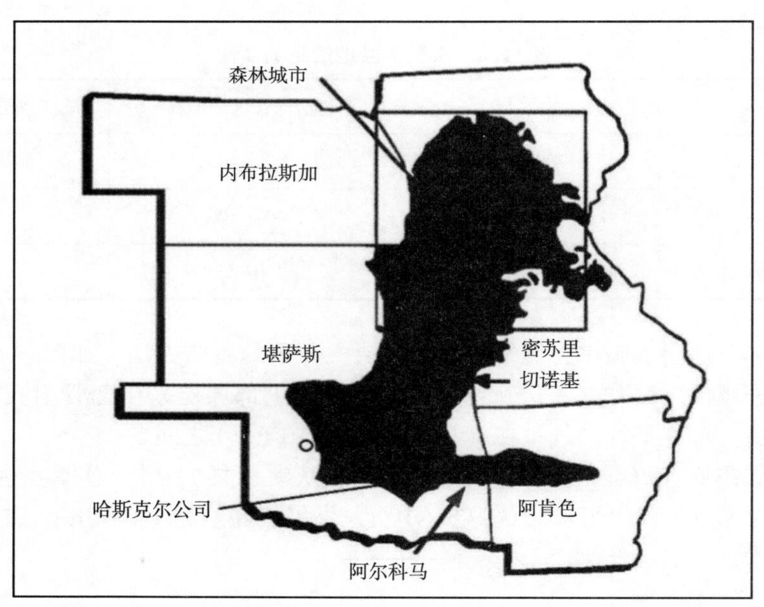

图 11.5 西部内陆煤炭地区的阿尔科马、切诺基和森林城市盆地

从西部向东部煤阶逐渐增加。含气量在 200~670ft^3/t 之间，670ft^3/t 是美国煤层含气量最高值。如果平均含气量为 400ft^3/t，煤层气储量约有 3×10^{12}ft^3。

自 1970 年，有几家油气作业者开始煤层气商业开采。目前，煤层气产量约为 100×10^9ft^3/年。采用水、线凝胶和氮气泡沫作为压裂液，压裂规模通常很小，压裂砂用量在 30000~60000 lb。单井平均产气量 50×10^3ft^3/d，产水量 10~50bbl。目前，该盆地煤层气总产量为 100×10^9ft^3。

11.4 拉顿盆地

拉顿盆地横跨科罗拉多州东南部和新墨西哥州东北部，如图 11.6 所示。

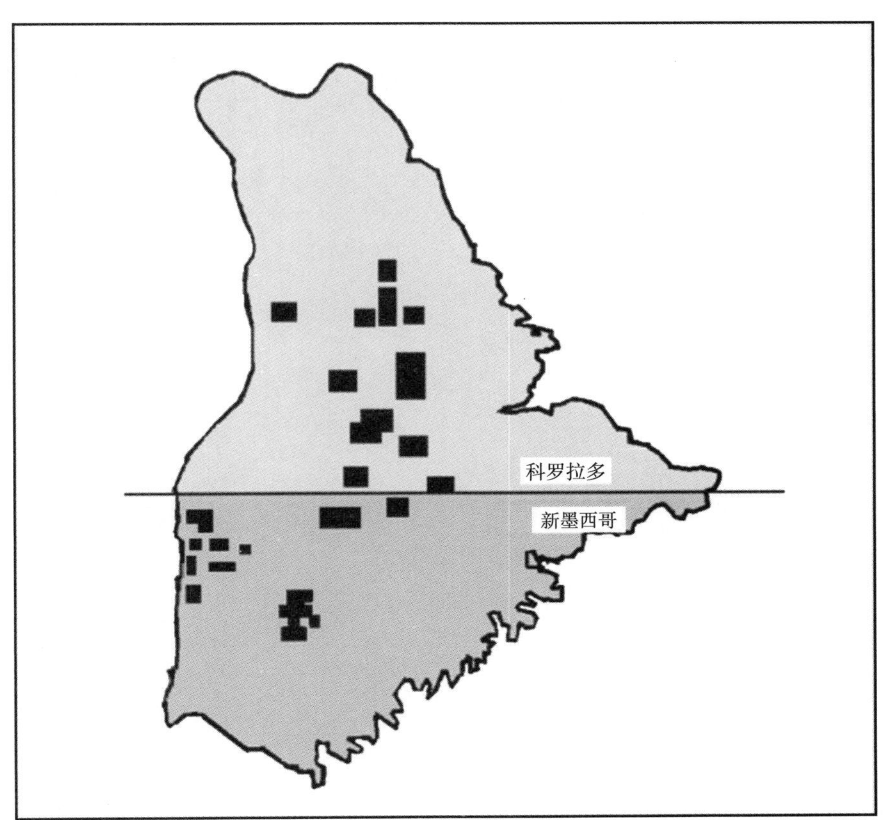

图 11.6 拉顿盆地主要煤层气活动

Chevron、Meridian Oil、Pennzoil 和 Western Oil 等几家油气运营商在该地区开采煤层气，年产气量为 105×10^9ft^3。整个盆地储层性质差异较大，中部区域最具开采潜力。

直井配合水力压裂改造主要开采方法，用水量 100000~800000gal 和压裂砂用量 300000~500000 lb。压裂后，初始产气量（100~350）$\times10^3$ft^3/d，日产水量 100~600bbl。表 11.3 给出了一些井的数据。

表 11.3　拉顿盆地的初始生产和水力压裂参数

深度 (ft)	水力压裂层厚度 (ft)	估计水量 (gal)	砂 (LBS)	初始气体 ($10^3ft^3/d$)	水 (bbl/d)
1500~2000	20	400000	445000	70~100	40~80
2400	300	300000	300000	340	368
1800	300	400000	474000	117	20
1500①	280	500000	532000	161	115

①这也许是水平裂缝。

资料来源：改编自煤层气研究所，煤层甲烷技术，1993，11（1）：52。

参考文献

[1] Gas Research Institute. Methane from coal seams technology, 1993, 11 (1): 52.

第 12 章　深层煤层气生产

12.1　圣胡安盆地

圣胡安盆地位于美国科罗拉多州西南部和新墨西哥州西北部之间，总面积约 21000mile^2，如图 12.1 所示。最具生产潜力的区域仅 7500mile^2，包含两大煤层：（1）Fruitland 层，储量约有 $50×10^{12}$ft^3；（2）Menefee 层，储量约有 $34×10^9$ft^3。1980 年开始，12 年的时间里共钻约 2000 口井，年产量 $450×10^9$ft^3。到 2012 年，已钻井近 4000 口，年产量为 $600×10^9$ft^3。目前，圣胡安盆地煤层气产量在美国排名第一。

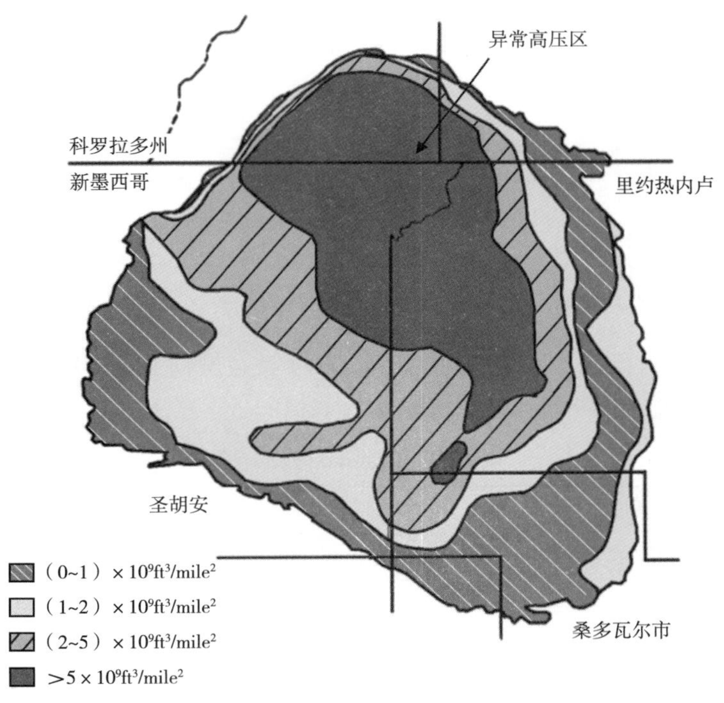

图 12.1　圣胡安盆地煤层气区

在 20 世纪 80 年代，该盆地煤层气井完井方式主要是全井段下入套管并固井，然后对产层射孔，利用线性胶压裂液、交联压裂液、氮气泡沫、清水或滑溜水等多种液体进行水力压裂。后来发现其他完井方式也能提高单井产气量，例如裸眼完井，如图 12.2 所示。该方法利用水力喷射清洗煤层，然后对井筒中液体连续加压和减压使煤层中产生裂缝并导致煤层垮塌，形成洞穴。

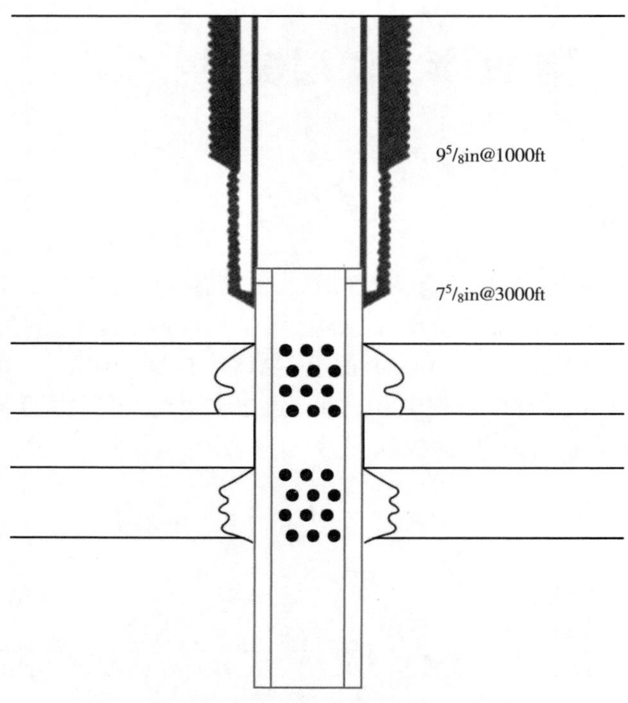

图 12.2 裸眼完井

12.1.1 储层性质

Fruitland 是主要产气层，在深度 4000ft 以内煤炭储量约有 2300×10^8t。煤层平均厚度 40ft，部分地区厚度达到 60ft。该储层参数见表 12.1[2]。

表 12.1 Fruitland 煤层参数

深度	3000~3500ft
产层有效厚度	40~60ft
煤阶	亚烟煤
含气量	400~600ft^3/t
气体成分	甲烷含量 98%~99%
	二氧化碳含量<1%
渗透率	0.1~1mD
孔隙度	3%~5.7%
抗压强度	6000~8000psi
弹性模量	(0.5~1) $\times10^6$psi
孔隙压力	1~1.2 倍静液柱压力

12.1.2 直井水力压裂改造

水力压裂泵注程序应当具有裂缝导流能力高、支撑裂缝长、压裂液用量少和砂堵率低的特点。依据表 12.2 煤层参数，设计煤层气井水力压裂泵注程序。

表 12.2 煤层参数

深度	3500ft
有效厚度	40ft
孔隙压力	1700psi
渗透率	1mD
温度	100℉
间距	160acre
r_e	1320ft
r_w	0.25ft
20/40 目石英砂平均渗透率	60000mD

压裂设计要求见表 12.3。

表 12.3 压裂设计要求

平均裂缝宽度	0.5in
平均支撑裂缝宽度	<0.5in
排量	$40bbl/min=3.73ft^3/s=224ft^3/min$
裂缝高度	60ft
杨氏模量 E	1×10^6psi
泊松比	0.35
剪切模量 G	0.37×10^6psi
压裂液	黏度为 1mPa · s 的滑溜水
滤失系数 C	$0.005ft/min^{0.5}$
设计的滤失系数 C	$0.0075ft/min^{0.5}$

计算步骤：

（1）裂缝长度：假设 Fruitland 煤层产量比为 $60\times10^3ft^3/(d\cdot100ft)$，需要的裂缝总长度为 1500ft，裂缝半长为 750ft。依据压裂经验，裂缝长度为 1000ft，支撑缝长可以达到 750ft。

（2）压裂液：滑溜水，黏度 1mPa · s。

（3）裂缝平均宽度：依据 P-K 模型，利用公式（8.10）：

$$
\begin{aligned}
\text{平均宽度}=\text{Wave}&=2.1\times\left(\frac{q\mu L}{E^1}\right)^{\frac{1}{4}}\\
&=2.1\times\left(\frac{2.08\times10^{-5}\times3.73\times2000}{1.09\times10^6}\right)^{\frac{1}{4}}\\
&=0.5\text{in}
\end{aligned}
$$

裂缝的支撑宽度可以略小于 0. 5in。

(4) 压裂液用量。

裂缝总面积：$A=2\times L\times H=20000\times 60=120000\text{ft}^2$

按照公式 (12. 1) 可以计算得到压裂液用量为：

$$2V^{0.5}=\left(\frac{3AC}{q^{0.5}}\right)+\left[\left(\frac{3AC}{q^{0.4}}\right)^2+4AW\right]^{\frac{1}{2}}$$

$$=\left[\frac{3\times 120000\times 0.0075}{(224)^{0.5}}\right]$$

$$+\left\{\left[\frac{3\times 120000\times 0.0075}{(224)^{0.5}}\right]^2+4\times 120000\times\frac{0.5}{12}\right\}$$

$$=180+\{(180)^2+20000\}^{\frac{1}{2}}$$

$$=180+229=409$$

因此 $V=(204.5)^2=41820\text{ft}^3=313652\text{gal}$

$=7468\text{bbl}$ (12. 1)

(5) 泵注时间。

$$7408\div 40=187\text{min}$$

(6) 计算流体滤失量。

$$V_{\text{FL}}=A3CT^{0.5}$$

$$=120000\times 3\times 0.0075\times(187)^{0.5}$$

$$=36922\text{ft}^3$$

(7) 前置液体积。

$$0.4V_{\text{FL}}=0.4\times 36992\text{ft}^3=14769\text{ft}^3=110766\text{gal}=2687\text{bbl}$$

(8) 支撑剂用量和携砂液量。

每平方英尺裂缝铺置 2 lb 压裂砂可以满足裂缝导流能力要求。

因此，总砂量 = 2×120000 = 240000 lb

砂子体积 $=\dfrac{240000}{22.1}=10860\text{gal}$

压裂液体积 = 313652−10860 = 302792gal

(9) 砂浓度从 0. 25 lb/gal 逐步增加到 3 lb/gal。

$$(313052-110766)\div 10=20286\text{gal}$$

水力压裂泵注程序见表 12. 4。

表 12.4 圣胡安盆地直井压裂泵注程序

阶段	水量（gal）	砂浓度（lb/gal）	加砂量（1000 lb）	砂粒尺寸
1	110000	0	0	—
2	20000	0.25	5	80~100 目
3	20000	0.5	10	20~40 目
4	20000	0.75	15	20~40 目
5	20000	1	20	20~40 目
6	20000	1.25	25	20~40 目
7	20000	1.5	30	20~40 目
8	20000	2.0	40	20~40 目
9	20000	2.0	40	20~40 目
10	20000	1.5	30	20~40 目
11	20000	1.25	25	10~20 目
总计	310000		240	

12.1.3 水平井水力压裂改造

Fruitland 煤层的含气量很高，平均 400ft^3/t，渗透率较低，0.1mD。采用水平井和多级水力压裂方式可以显著增加产气量。图 12.3 示例了该盆地布井和水力压裂方法。一口水平井中含有 3 个平行的水平分支，井间距 1000ft。在深度为 3000~4000ft 煤层中，水平段长度可以达到 5000ft。只对两侧分支水平段实施多级水力压裂改造，裂缝间距 1000ft。水力压裂改造后单井的产量可以达到（5~6）×10^{6}ft^3/d，远高于直井的产量。

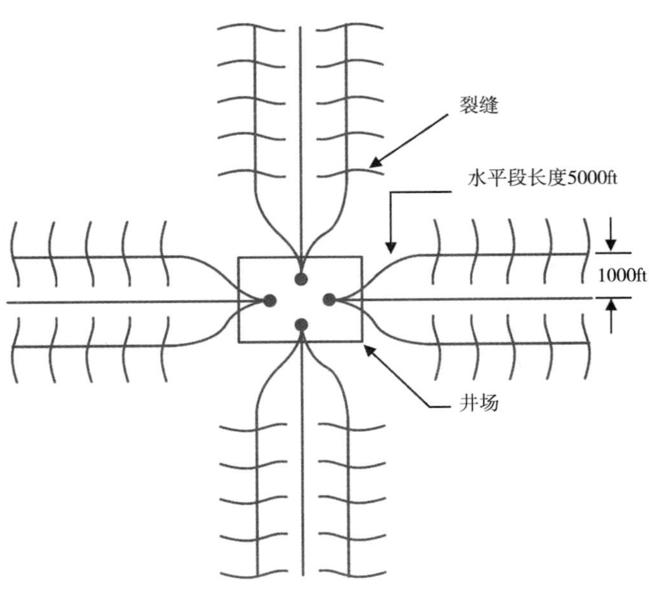

图 12.3 深部煤层水平井完井

12.2 皮切斯盆地

皮切斯盆地位于科罗拉多州西北部，面积超过 6700mile^2，煤层气储量约有 84×10^{12}ft^3。盆地中煤层埋藏深度超过 7000ft，含气量和煤阶都高，但渗透率较低，如图 12.4 所示。目前该盆地每年产气量有 5×10^9ft^3。如果采用水平井多级水力压裂方法，产量有望提高到 500×10^9ft^3/a。

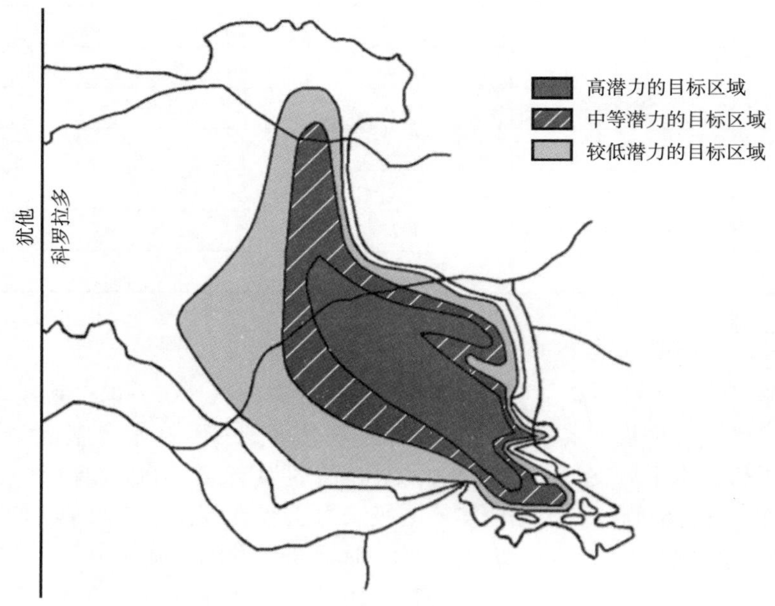

图 12.4 皮切斯盆地煤层气前景

12.2.1 储层沉积特性

盆地中有 8 个煤田，超过 75%的煤层埋藏深度超过 3000ft，各煤田的煤炭储量和厚度见表 12.5。利用测井方法估算的煤炭储量达到 3820×10^8t[5]。

表 12.5 皮切斯盆地煤炭储量[4]

煤田	煤炭储量超过 6000ft (10^6t)	煤层厚度 (ft)
Book Cliffs	7200	7.8
Grand Mesa	8600	16.3
Somerset	8000	21.7
Crested Butte	1560	5.8
Garbondale	5200	27.4
Grand Hogback	3000	16.3
Danforth Hille	10500	22.8
Lower White River	11760	11.0
总计	55820	

表 12.6 是 Williams Fork 层的典型层序。

表 12.6 皮切斯盆地 Williams Fork 煤层

煤层	近似厚度（ft）	深度（ft）
Lion Canyon	8	4000
Montgomery	9	4000
Grinsted	9	4500
Comrike	22	4500
Agency	8	4500
Wesson	23	4500
Fairfield 2#	10	4700
Fairfield	3~10	4700
Bloomfield	15	4800
Major	18	5000

12.2.2 储层性质

深层煤层渗透率小于 0.1mD，含水率低。科罗拉多河以北的含气量为 25~200ft^3/t，煤层气总储量为（6~48）×10ft^3。科罗拉多河以南含气量为 150~450ft^3/t，煤层气总储量为（22~65）×10ft^3。储层压力梯度约为 0.315psi/ft。

12.2.3 现有生产技术

主要采用直井水力压裂方式进行煤层气开采。通常采用的压裂参数为：压裂液用量 3000~4000bbl、压裂砂用量 300000~400000 lb、裂缝间距 100~400ft。表 12.7 为各煤田平均单井压裂改造后产量。

增加压裂规模可以提高压后产量。例如，液体用量 10000bbl，压裂砂用量 1.33106 lb，压后产量可以达到 $1\times10^6ft^3$/d。但 1 年后，产量急剧下降到平均值 $400\times10^6ft^3$/d。

表 12.7 皮切斯盆地井的煤层气产量

煤田	峰值产量（10^3ft^3/d）	平均产量（10^3ft^3/d）
大峡谷	600	200
怀特河	400	300
Parachute Field	250	150
南页岩岭	<100	<100

12.2.4 推荐的生产技术

针对该盆地中厚煤层，推荐使用图 12.3 所示的多分支水平井方式，只对中间水平井实施水力压裂改造。根据煤层厚度和含气量，预计单井产气量为（1~5）$\times10^6ft^3$/d。

12.3 大格林河盆地

大格林河盆位于怀俄明州西南部和科罗拉多州西北部，面积 21000$mile^2$。可以分为四个次级盆地，Sand Wash and Washakie、Great Divide、Rock Springs 和 Green River，如图 12.5 所示。Mesa Verde、FortUnion 和 Wasatch 是主要含煤层，净厚度达到 150ft。盆地边缘的煤层深度为 6000ft，中心附近的深度为 12000ft。表 12.8 列举了深度在 3000~6000ft 煤炭资源[6]。

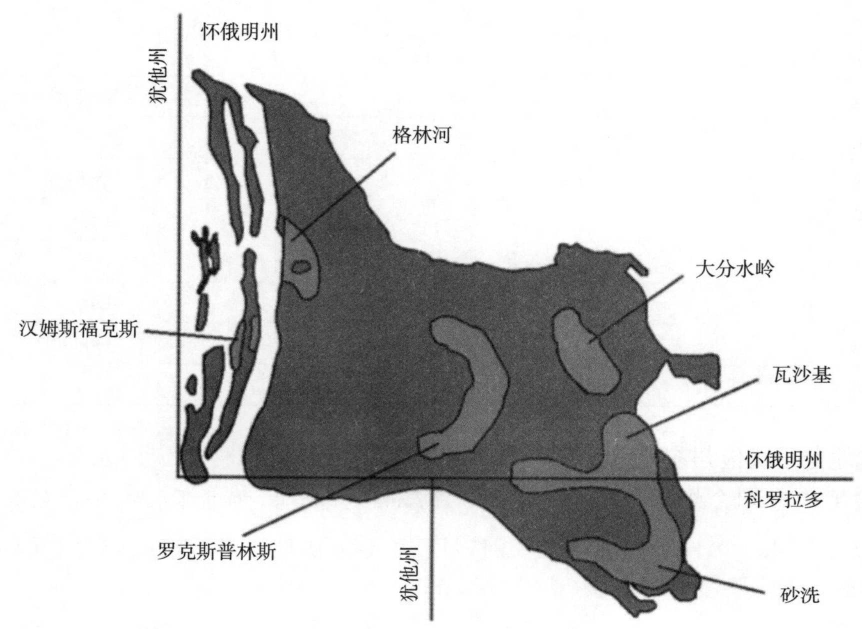

图 12.5　大格林河甲烷前景

表 12.8　大格林河和 Hams Fork 盆地的煤炭资源

煤炭盆地	煤田	估计储量 (10^8t)	煤层气储备 ($10^{12}ft^3$)	平均厚度 (ft)
大格林河	Rock Springs	14	29	N/A
	Great Divide	4		N/A
	Washakie Sand Wash	57		4~35
	格林河	3		5~90
Hams Fork		5	1	4~35
总计		83	30	—

12.3.1　Sand Wash 盆地的煤层气开采

1990 年初，Fuelco 公司在怀俄明州卡本县钻探 9 口井，深度为 1700~2500ft。并对煤层进行水力压裂施工，压裂参数：压裂液用量 1000~2500bbl，压裂砂 60000~500000 lb。因为浅层煤层含气量低，10~50ft^3/t，单井产气量不高，有（6~60）×10^3ft^3/d。由于完井方式原因，Cockrell 石油公司钻探 16 口井均没有产量。

12.3.2　Great Divide 盆地

Triton 油气公司钻了 4 口井，井深 3200~4200ft，平均产量为（70~80）×10^3ft^3/d，产

量很低。主要原因是煤层渗透率和孔隙压力都很低。

12.3.3　格林河盆地

Buttonwood Petroleum 石油公司钻探了多口深度为 5000~6000ft 的井。并采用水力喷砂射孔技术对多个煤层进行了射孔。由于埋藏深，渗透率很低，没有实现煤层气有效开采。

12.3.4　Washakie 盆地

煤层埋深在 2500~3174ft，水力压裂规模为压裂液用量 1000~4000bbl 和压裂砂用量 100000~650000 lb，最高产气量约为 $500 \times 10^3 ft^3/d$。

12.3.5　推荐的生产工技术

在较厚的煤层中布置水平井并配合水力压裂能够实现良好开采。由于煤层气含量低，埋藏深，单井产量要低于圣胡安盆地煤层气井产量。当煤层气价格高于 5 美元/$10^3 ft^3$，具有商业开采价值。

12.4　尤伊塔盆地

尤伊塔盆地位于犹他州东北部和科罗拉多州西北部，占地面积约 14450$mile^2$，如图 12.6 所示。在该盆地中有四个煤田分别是 Emery、Wasatch Plateau、Sego 和 Book Cliffs。埋深在 2000~4500ft 之间，煤层净厚度超过 20ft。犹他州地质调查局估算 9000ft 以内的煤炭储量为 $300 \times 10^8 t$。埋深为 1000~3000ft 煤层的平均含气量为 $300 ft^3/t$。煤层气总储量约为 $9 \times 10^{12} ft^3$。2015 年，煤层气产量为 $42 \times 10^9 ft^3$。

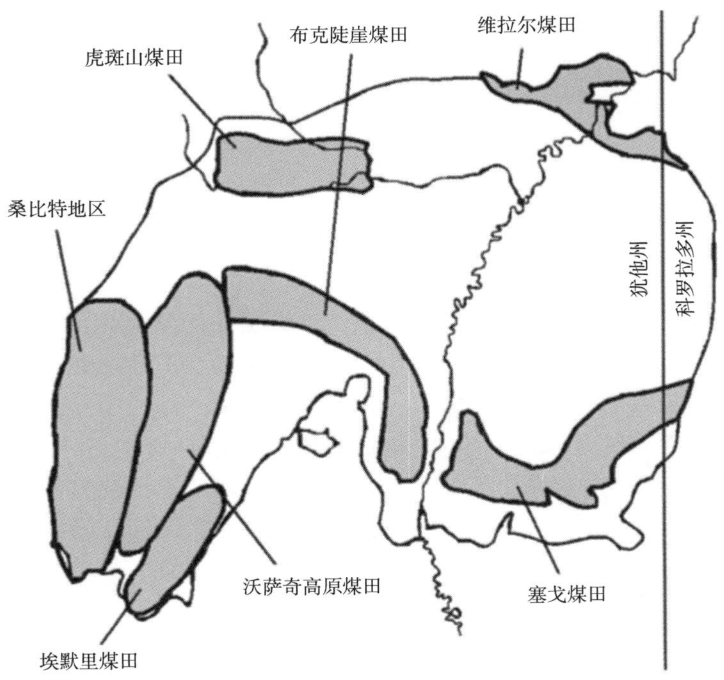

图 12.6　尤伊塔盆地煤田

12.4.1　Book Cliffs 煤田

PG&E 公司是第一个在这个地区钻井的公司。钻井间距为 160acre，深度达 4000～4500ft。水力压裂砂用量 80000～140000 lb，压裂后平均产气量为 $120\times10^3ft^3/d$，产水量为 300bbl/d。气体组成一般是 90%的甲烷和 10%的二氧化碳。

River Gas 公司钻探了几口浅井，深度在 1000～2000ft 之间，并进行了水力压裂改造。压裂参数为砂浓度 8～9 lb/gal，平均单井用砂量 250000 lb，压后煤层气产量为 $45\times10^3ft^3/d$，含水量为 105bbl/d。水力压裂产生的水平裂缝是低产的主要原因。

12.4.2　Wasatch 煤田

Cockrell Oil 石油公司钻探两口深度为 7500ft 的井，没有进行水力压裂改造，两口井均没有产量。

12.4.3　推荐的生产技术

推荐采用多分支水平井及水力压裂改造方法。

12.5　注二氧化碳

煤层的扩散系数较低，煤层气最终采收率会低于 50%。因为煤对二氧化碳的吸附力是甲烷的两倍[7-8]，将二氧化碳注入到煤层中可以置换出甲烷气体，提高采收率，并且还可以将二氧化碳封存在煤层中。

当煤层气产量开始下降，采收率接近 40%～50%时，可以开始在水平段中部注入二氧化碳。目前尚未确定二氧化碳注入的最佳参数，但许多项目针对以下 4 点开展研究。

(1) CO_2 在不同煤层的最佳储存能力。

(2) 煤中 CO_2 的注入速率和运移速度。

(3) 最佳注入压力。

(4) 注入二氧化碳成本分析。

12.6　三次采油

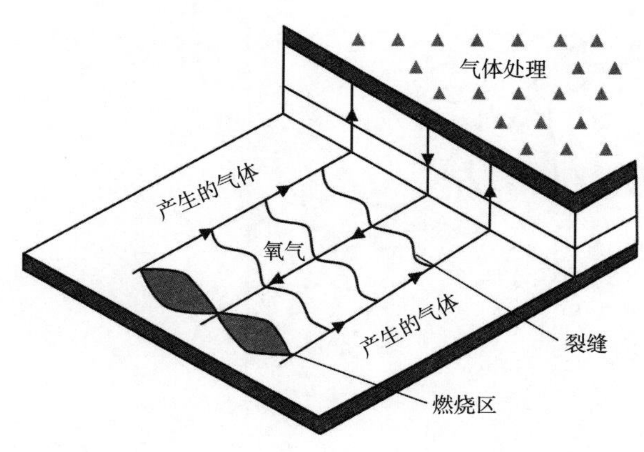

图 12.7　地下煤气化示意图

当注入二氧化碳不能继续增加煤层气产量时，可以增加煤层温度，提高煤层扩散系数，使得采收率进一步增加，称为煤层气的“三次开采”。如图 12.7 所示，对位于中间的水平井进行加热，加热方法有蒸汽、热辐射和使煤燃烧。两侧水平段用于煤层气生产。产生的气体热值相对较低，主要用于蒸汽发电、化工厂热源、生产液体燃料等。

应用 CO_2 驱替和地下煤气化可以释放全球 $(17\sim30)\times10^{12}$t 煤中的煤层气。

参考文献

[1] Thakur P C. Coal-bed methane production 3rd edition. Vol. 2. SME Handbook of Mining Engineering, 2011：1121-1131.

[2] Jones A H, et al. Methane production characteristics for a deeply buried coal bed reservoir in the San Juan Basin, SPE/DOE/GRI Unconventional Gas Recovery Symposium, Pittsburgh, PA, 1984：417-933.

[3] Gas Research Institute. Quarterly review of methane from coal seam technology. 1993, 4 (1)：1-110.

[4] Hornbaker A L, et al. Summary of coal resources in Colorado, Vol. 9. Colorado Geological Survey, Special Publication, 1976.

[5] Collins B A. Coal deposits of Carbondale, Grand Hogback, and Southern Danforth Hills coal fields, Colorado School of Mine, Quarterly, 71, 1, 1977：138.

[6] Mroz T H, editor. Methane Recovery from Coal Beds：A Potential Energy Source. US Department of Energy, 1983：458. Coalbed Methane Production From Deep Coal Reservoirs 189.

[7] Collins R C, et al. Modeling CO_2 sequestration in abandoned mines：Proceedings of AICHE Spring meeting, New Orleans, LA, 2002.

[8] Thakur P C, et al. Coal bed methane production from deep coal seams, Proceedings of the AICHE Spring meeting, New Orleans, LA, 2002.

[9] Mitariten MF, One-step removal of nitrogen and carbon dioxide from coal seam gas with the molecular gate system, The 2nd Annual CBM and CMM Conference, Denver, Colorado, 2001.

附录1 误差函数

误差函数（也称为高斯误差函数）是一个特殊S形函数，如图A.1所示，它与标准化随机变量的概率密度有关。

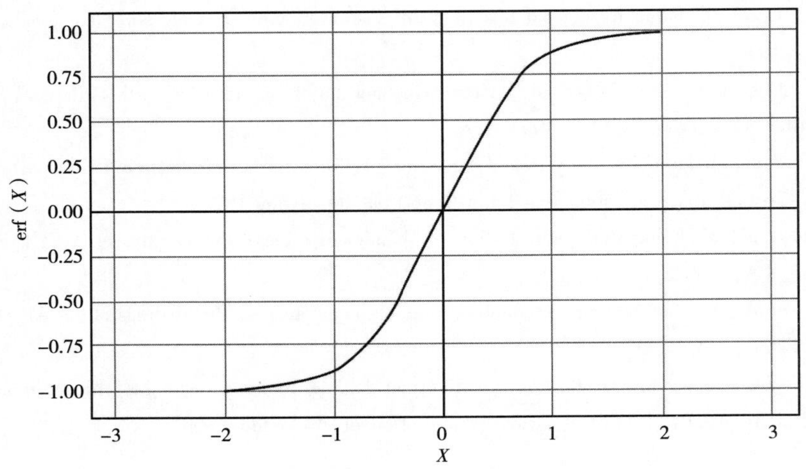

图A.1 附录A，误差函数图

函数关系为：

$$f(x)=\frac{1}{\sqrt{2\pi}}\mathrm{e}^{-\frac{1}{2}}x^{2} \tag{A.1}$$

根据定义，误差函数表示为：

$$\mathrm{erf}(x)=\frac{2}{\pi}\int_{0}^{x}\mathrm{e}^{-x^{2}}\mathrm{d}x \tag{A.2}$$

将 $x=\left(\frac{x}{\sqrt{2}}\right)$ 和 $\mathrm{d}x=\left(\frac{1}{\sqrt{2}}\right)\mathrm{d}x$ 代入公式($A.2$) 中：

$$\mathrm{erf}\left(\frac{x}{\sqrt{2}}\right)=\frac{2}{\pi}\int_{0}^{x}\mathrm{e}^{-\frac{x^{2}}{2}}\cdot\frac{1}{\sqrt{2}}\mathrm{d}x$$

$$\mathrm{erf}\left(\frac{x}{\sqrt{2}}\right)=2\,\frac{1}{\sqrt{2\pi}}\int_{0}^{x}\mathrm{e}^{-\frac{x^{2}}{2}}\mathrm{d}x$$

$$\mathrm{erf}\left(\frac{x}{\sqrt{2}}\right)=2F(x)$$

其中 $F(x)$ 为式（A.1）中概率密度函数的累积分布。

表 A.1 列举了 x 在 0~4 范围内的 $F(x)$ 的值。

表 A.1 累积概率作为（x）的函数

（x）	F（x）
0	0.5
0.1	0.5199
0.2	0.5793
0.3	0.6179
0.4	0.6554
0.5	0.6915
0.6	0.7527
0.7	0.7580
0.8	0.7881
0.9	0.8159
1.0	0.8413
2.0	0.9773
3.0	0.9987
4.0	1.0000

为了计算给定 x 的 erf（x），举例如下。

计算 erf（2.0）的值：

因为

$$\frac{x}{\sqrt{2}} = 2.0;\ x = 2.828 = 2.83$$

从表 A.1 中查到 F（x）= 0.9977。从 F（x）的值减去 0.5，得到 0.4977。因此 erf（2.0）= 2×0.4977 = 0.9954

互补误差函数表示为 erfc，定义如下：

$$\begin{aligned} \mathrm{erfc}(x) &= 1 - \mathrm{erf}(x) \\ &= \frac{2}{\pi}\int_{x}^{-\infty} \mathrm{e}^{-x^2}\mathrm{d}x \end{aligned} \tag{A.3}$$

虚数误差函数，用 erfi 表示，定义为：

$$\mathrm{erf}\ (x)\ = -i\mathrm{erf}(ix)$$

复数误差函数，表示为 w（x），也称为 Faddeeva 函数，定义如下：

$$w(x) = \mathrm{e}^{-x^2}\mathrm{erfc}(-ix) = \mathrm{e}^{-x^2}[1 + i\mathrm{erf}\ i(x)]$$

附录 2　非稳态流动方程的解
——无限大径向储层中恒定产量

无量纲时间 t_D	压力变化 p_t
0. 00	0. 0000
0. 001	0. 0352
0. 01	0. 1081
0. 1	0. 3144
1. 0	0. 8019
2. 0	1. 0195
3. 0	1. 1665
5. 0	1. 3625
10. 0	1. 6509
20. 0	1. 9601
100. 0	2. 7233
500. 0	3. 5164
1000. 0	3. 8584

对于 $t_D>1000$：

$$p_t=\frac{1}{2}\ (\ln t_D+0.80907)$$

改编自 Katz DL 等人，煤层气工程手册，纽约：麦格劳—希尔图书公司，1958。

附录3　术语汇编

第2章		
符号	说明	单位
STP	标准温度和压力	32 ℉，14.7psi
Q	累计解吸气量	ft^3
A	煤的特征参数	ft^3/min（d）
t	时间	min 或 d
n	煤的特征常数	无量纲
B	损失气体量	ft^3
V	压力 p 下含气量	ft^3/t
V_m	煤的最大吸附量	ft^3/t
p	压力	psi
b	朗缪尔常数	psi^{-1}
p_L	朗缪尔压力，其中 $V=V_m/2$	psi
m	煤的特征常数	—
k	煤的特征常数	—
V_ϕ	孔隙中气体体积	ft^3/t
ϕ	孔隙度	%
p_o	大气压力	psi
T	温度	K
V_C	1t 煤的体积	ft^3/t
W	含水率	%
A	灰分	%
G	煤层气储量	ft^3
A	面积 C_g（2.11）	acre
H	煤层厚度	ft
C_g	含气量	ft^3/ft^3
MMCFD	每天一百万立方英尺	$10^6ft^3/d$
BCF	亿立方英尺	10^9ft^3
c_p	气体比热容	J/ft^3

第3章		
符号	说明	单位
ϕ	孔隙度	%
V_p	连接的孔隙体积	ft^3
V_b	总体积	ft^3
V_m	基质体积	ft^3
u	平均流动速度	cm/s
A	横截面积	cm^2
K	渗透率	D
μ	流体黏度	mPa · s
Q	流量	cm^3/s
q	平均压力下流量	cm^3/s
p_1，p_2	上游和下游压力	psi
p_b	平均压力	psi
b（b_1，b_2）	煤层裂缝宽度	mm
A	边长	mm
p_c	裂缝闭合压力	psi
p_s	井底压力	psi
p_f	井口压力	psi
Z	气体可压缩性	%
T	绝对温度	R
H	煤层厚度	ft
μ_p	气体黏度	mPa · s
K_o	100ft 处煤的渗透率	mD
D	深度	ft
$\sigma=(\sigma_H-\sigma_o)$	（最大水平应力—孔隙压力）	psi
T	绝对温度	R
E_v	由于应力变化引起的体积应变	%
E_p	由于解吸收缩引起的体积应变	%
R	气体含量	—

第 4 章		
符号	说明	单位
c	扩散分子数	g · mol
D	扩散系数	cm/s^2
$\frac{dc}{dt}$	扩散速率	g/s
a	煤粒半径	cm
t	时间	s
M_t	时间 t 内解吸气量	cm^3
M_∞	朗缪尔体积	cm^3
τ	吸附时间（解吸气体占总气体 63%的时间）	d
S	面节理间距	cm
D_{effA}	A 在复杂混合物中的有效平均扩散系数	cm/s^2
D_{AB}	下标的顺序表示 A 扩散到 AB 系统	cm/s^2

第 5 章		
符号	说明	单位
σ_o	孔隙压力（储层压力）	psi
σ_v	垂直主应力	psi
σ_H	最大水平主应力	psi
σ_h	最小水平主应力	psi
D	煤层深度	ft
V_p	压力波的速度	μs/ft
V_s	剪切波的速度	μs/ft
ρ	煤的密度	lb/ft^3
ν	泊松比	—
E	杨氏弹性模量	psi
K	体积弹性模量	psi
G	剪切弹性模量	psi
μ_s	声波传播速度	μs/ft

第 6 章		
符号	说明	单位
p，p_w，p_e	压力、井筒压力、边界压力	psi
r	半径	ft
μ	黏度	mPa・s
ϕ_c	煤的拟孔隙度	—
K	渗透率	mD
$\bar{p}$	井内和无限半径处的平均压力	psi
t	时间	s
erfc	误差函数	—
t_D	无量纲时间	—
m	流量	无量纲
p_t	压力变化	psi
z	压缩系数	—
Q	煤层气产量	$10^3 ft^3/d$
h	煤层高度	ft
T	温度	R
Q_T	时间 t 内累计产气量	$10^3 ft^3/d$
Q_t	气体流入量	$10^3 ft^3/d$
t_f	井以恒定无量纲速度流动的时间长度，m	—
m_1	无量纲流量	—
q	煤层气产量	ft^3/d
q_i	初始生产	$10^3/ft^3/d$
q_t	t 时刻产量	$10^3 ft^3/d$
d	下降速度	—

第 7 章		
符号	说明	单位
h	压力损失	ft
λ	摩擦系数	无量纲
l	管道长度	ft
v	流体速度	ft/s
g	引力常数	ft/s^2
d	管径	ft
ρ	流体密度	lb/ft^3
μ	流体黏度	mPa・s
e	管道粗糙度	无量纲

续表

符号	说明	单位
c	比例常数	—
Q	流体流速	ft^3/h 或 ft^3/d
Re	雷诺数	—
p	压力损失	ft
G	气体比重	—
T	温度	°R
Z	压缩系数	—
V_L	最小运输速度	ft/s
F_L	比例常数	—
S	固体比重	—
S_L	液体比重	—
C_V	体积浓度	%
C_w	质量浓度	%
λ_W	水的摩擦系数	—
λ_S	泥浆摩擦系数	—
η	电动机效率	—
K	气体 C_p/C_v	—
p_1，p_2	吸入和排出压力	psi
E	实验常数	—
S	$\frac{0.0375Gx}{TZ}$	—
W	完成工作	ft·lb/lb
K	C_p/C_v	
d_{eff}	$d_2—d_1$（井径及管径）	ft
d_h	水力直径	ft
A_C	非圆管的截面积	ft^2

第 8 章		
符号	说明	单位
V	流体总量	ft^3或 gal
c	滤失系数	$ft/\sqrt{min}$
V_F	裂缝体积	ft^3
V_L	煤液损失	ft^3
Q	泵排量	ft^3/min
t	时间	min 或 s
L	裂缝长度	ft

续表

符号	说明	单位
W	裂缝宽度	ft
H	裂缝高度（浸润高度）	ft
η	压裂效率	—
ν	泊松比	—
p	破裂压力	psi
σ	孔隙压力	psi
$E^1=\left(\frac{E}{1-\nu^2}\right)$	平面应变模量	psi
W_{max}	最大理论裂缝宽度	ft
p_b	井底压力	psi
p_c	闭合压力	psi
μ	黏度（1mPa·s）$=2.08\times10^{-5}\left(\frac{lb\cdot s}{ft^2}\right)$	lb/ft^2
F. G.	压力梯度	psi/ft
t_o	泵送总时间	min
t_{si}	压力读数后的时间间隔	min

术语表第 9 章		
符号	说明	单位
γ	钻孔所需的钻压	lb
x_1	钻孔长度	ft
x_2	钻井马达压差	psi
x_3	钻速	ft/min
x_4	扭矩	lb · in
$\Delta\theta$	角度构建在 10ft	(°)
T	钻压	lb

术语表第 10 章
没有符号

术语表第 11 章
没有符号

第 12 章		
符号	说明	单位
r_e	储层半径	ft
r_w	井筒半径	ft
μ	流体黏度	mPa · s
q	抽水速度	ft^3/s

续表

符号	说明	单位
L	裂缝长度	ft
H	裂缝高度	ft
A	压裂湿润面积（$L\times H$）	ft^2
W	裂缝宽度	ft
c	滤失系数	$ft/\sqrt{min}$
V	流体总体积	ft^3
V_{FL}	液体损失体积	ft^3
Btu	英国热量单位	

附录4　单位换算

1in（英寸）= 25.4mm

1ft（英尺）= 0.3048m

$1ft^3$（立方英尺）= $0.0283m^3$

1acre（英亩）= $4047m^2$

1bbl（桶）= $0.159m^3$

1gal（加仑）= $0.0037857m^3$

1lb（磅）= 0.454kg

1ton（吨）= 1000kg

1short ton（短吨）= 907kg

1long ton（长吨）= 1016kg

1cal（卡）= 4.1868J

1Btu（英热单位）= 1055.6J

1mile（英里）= 1.609km

$1mile^2$（平均英里）= $2.59km^2$

n°F（华氏温度）=（n−32）/1.8℃

1cP（厘泊）= 1mPa·s

1D（达西）= $0.987\times10^{-12}m^2$

1mD（毫达西）= $0.987\times10^{-9}m^2$

1hp（马力）= 0.745kW

国外油气勘探开发新进展丛书（一）

书号：3592
定价：56.00元

书号：3663
定价：120.00元

书号：3700
定价：110.00元

书号：3718
定价：145.00元

书号：3722
定价：90.00元

国外油气勘探开发新进展丛书（二）

书号：4217
定价：96.00元

书号：4226
定价：60.00元

书号：4352
定价：32.00元

书号：4334
定价：115.00元

书号：4297
定价：28.00元

国外油气勘探开发新进展丛书（三）

书号：4539
定价：120.00元

书号：4725
定价：88.00元

书号：4707
定价：60.00元

书号：4681
定价：48.00元

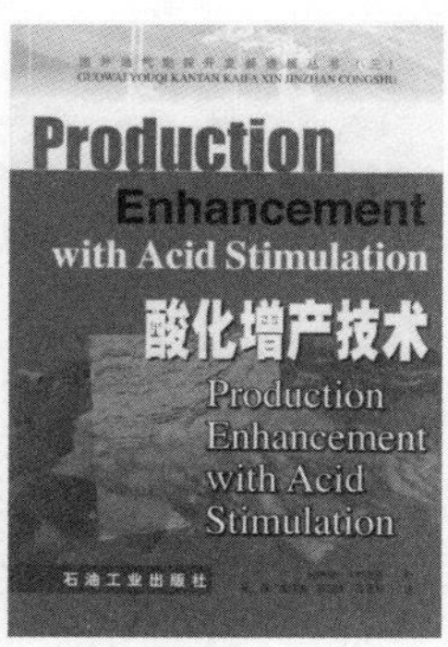

书号：4689
定价：50.00元

书号：4764
定价：78.00元

国外油气勘探开发新进展丛书（四）

书号：5554
定价：78.00元

书号：5429
定价：35.00元

书号：5599
定价：98.00元

书号：5702
定价：120.00元

书号：5676
定价：48.00元

书号：5750
定价：68.00元

国外油气勘探开发新进展丛书（五）

书号：6449
定价：52.00元

书号：5929
定价：70.00元

书号：6471
定价：128.00元

书号：6402
定价：96.00元

书号：6309
定价：185.00元

书号：6718
定价：150.00元

国外油气勘探开发新进展丛书（六）

书号：7055
定价：290.00元

书号：7000
定价：50.00元

书号：7035
定价：32.00元

书号：7075
定价：128.00元

书号：6966
定价：42.00元

书号：6967
定价：32.00元

国外油气勘探开发新进展丛书（七）

书号：7533
定价：65.00元

书号：7802
定价：110.00元

书号：7555
定价：60.00元

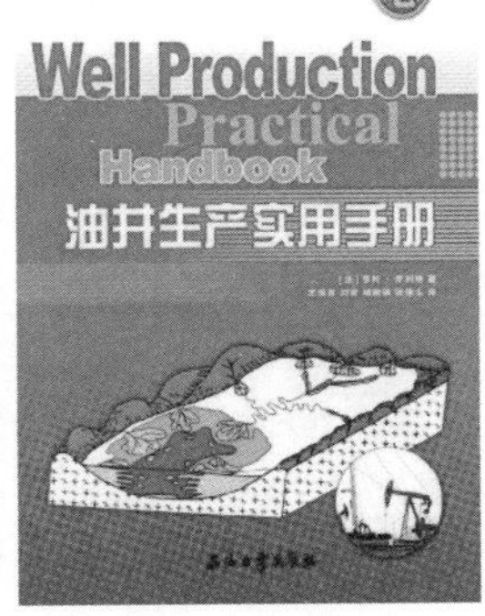

书号：7290
定价：98.00元

书号：7088
定价：120.00元

书号：7690
定价：93.00元

国外油气勘探开发新进展丛书（八）

书号：7446
定价：38.00元

书号：8065
定价：98.00元

书号：8356
定价：98.00元

书号：8092
定价：38.00元

书号：8804
定价：38.00元

书号：9483
定价：140.00元

国外油气勘探开发新进展丛书（九）

书号：8351
定价：68.00元

书号：8782
定价：180.00元

书号：8336
定价：80.00元

书号：8899
定价：150.00元

书号：9013
定价：160.00元

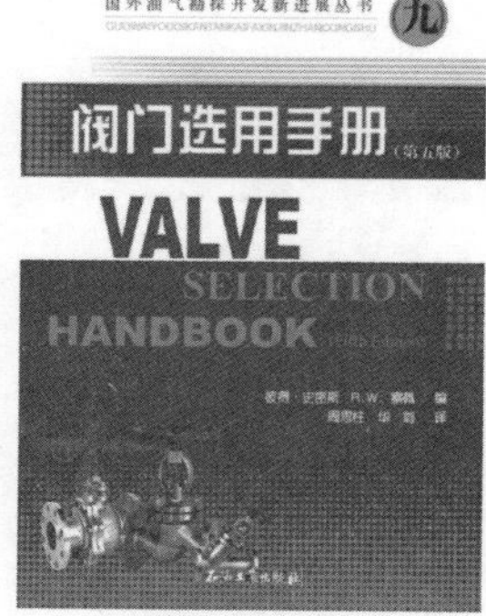

书号：7634
定价：65.00元

国外油气勘探开发新进展丛书（十）

书号：9009
定价：110.00元

书号：9989
定价：110.00元

COLLECTION OF SPE AND IPTC
PAPERS ON NATURALLY FRACTURED
RESERVOIRS AND CARBONATE RESERVOIRS
碳酸盐岩油气藏开发新技术

书号：9574
定价：80.00元

书号：9024
定价：96.00元

书号：9322
定价：96.00元

书号：9576
定价：96.00元

国外油气勘探开发新进展丛书（十一）

书号：0042
定价：120.00元

书号：9943
定价：75.00元

书号：0732
定价：75.00元

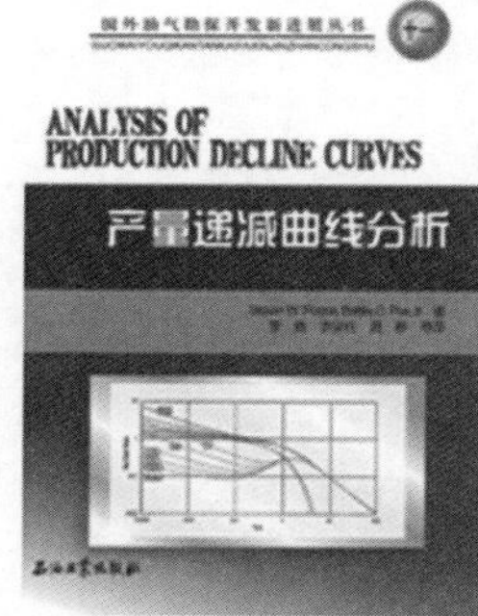

书号：0916
定价：80.00元

书号：0867
定价：65.00元

书号：0732
定价：75.00元

国外油气勘探开发新进展丛书（十二）

书号：0661
定价：80.00元

书号：0870
定价：116.00元

书号：0851
定价：120.00元

书号：1172
定价：120.00元

书号：0958
定价：66.00元

书号：1529
定价：66.00元

国外油气勘探开发新进展丛书（十三）

书号：1046
定价：158.00元

书号：1167
定价：165.00元

书号：1645
定价：70.00元

书号：1259
定价：60.00元

书号：1875
定价：158.00元

书号：1477
定价：256.00元

国外油气勘探开发新进展丛书（十四）

书号：1456
定价：128.00元

书号：1855
定价：60.00元

书号：1874
定价：280.00元

书号：2857
定价：80.00元

书号：2362
定价：76.00元

国外油气勘探开发新进展丛书（十五）

书号：3053
定价：260.00元

书号：3682
定价：180.00元

书号：2216
定价：180.00元

书号：3052
定价：260.00元

书号：2703
定价：280.00元

SALT TECTONICS, SEDIMENTS AND PROSPECTIVITY
盐构造与沉积和含油气远景

书号：2419
定价：300.00元

国外油气勘探开发新进展丛书（十六）

书号：2274
定价：68.00元

书号：2428
定价：168.00元

书号：1979
定价：65.00元

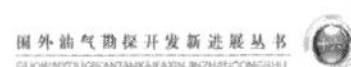

书号：3450
定价：280.00元

国外油气勘探开发新进展丛书（十七）

书号：2862
定价：160.00元

书号：3081
定价：86.00元

书号：3514
定价：96.00元

书号：3512
定价：298.00元

国外油气勘探开发新进展丛书（十八）

书号：3702
定价：75.00元

书号：3734
定价：200.00元

书号：3693
定价：48.00元

书号：3513
定价：278.00元